JN160489

未来のクルマができるまで

世界初、水素で走る
燃料電池自動車　MIRAI《ミライ》

岩貞るみこ

講談社

登《とう》場《じょう》人《じん》物《ぶつ》紹《しょう》介《かい》

久留間大介
くるま だいすけ
ミライの総責任者《そうせきにんしゃ》。製品企画本部《せいひんきかくほんぶ》Z《ゼット》チームのリーダー。

田頼公平
たより こうへい
Z《ゼット》チームのメンバー。通称《つうしょう》「ミギウデ」。

波可節夫
はか せつお
燃料電池《ねんりょうでんち》チームの技《ぎ》術者《じゅつしゃ》。通称《つうしょう》「ハカセ」。

氷川正義
ひかわ まさよし
燃料電池《ねんりょうでんち》チームで、冷却《れいきゃく》テストを担当《たんとう》する技術者《ぎじゅつしゃ》。

根津唐守
ねつから まもる
燃料電池《ねんりょうでんち》チームで、酷暑《こくしょ》テストを担当《たんとう》する技術者《ぎじゅつしゃ》。

炭野久里吉
たんの くりきち
水素《すいそ》タンクの開発《かいはつ》を担当《たんとう》する技術者《ぎじゅつしゃ》。

デザイン部門《ぶもん》

家具元広文
かぐもと ひろふみ
インテリアのデザインチームのリーダー。

絵野本優
えのもと まさる
デザインチームのリーダー。通称《つうしょう》「画伯《がはく》」。

伊呂野虹太
いろの こうた
クルマの色《いろ》を担当《たんとう》する、カラーデザイナー。

作手弥太郎
さくて やたろう
製造技術部《せいぞうぎじゅつぶ》のリーダー。設計図《せっけいず》を元《もと》に、工場《こうじょう》でどうやって生産《せいさん》するかを担当《たんとう》。

井伊名奈子
いい ななこ
営業部《えいぎょうぶ》で燃料電池自動車《ねんりょうでんちじどうしゃ》の販売《はんばい》を担当《たんとう》。発売前《はつばいまえ》にクルマの名前《なまえ》を考《かんが》えるのも仕事《しごと》のひとつ。

羽知道則
はしり みちのり
性能実験部《せいのうじっけんぶ》で、乗《の》り心地《ごこち》を担当《たんとう》するテストドライバー。

番頭坂正造
ばんとうざか しょうぞう
商品実験部《しょうひんじっけんぶ》の大《だい》ベテラン。消費者《しょうひしゃ》の使《つか》いやすさを提案《ていあん》する。通称《つうしょう》「オヤジさん」。

もくじ

燃料電池自動車《ねんりょうでんちじどうしゃ》のしくみ

水素《すいそ》と酸素《さんそ》が、燃料電池《ねんりょうでんち》のなかで反応《はんのう》して電気《でんき》をつくります（発電《はつでん》）。その電気《でんき》でモーターがまわり、タイヤを動《うご》かして走《はし》ります。あまった電気《でんき》はバッテリーにためておき、たくさん電気《でんき》が必要《ひつよう》な、速度《そくど》を上《あ》げたいときなどに使《つか》います。

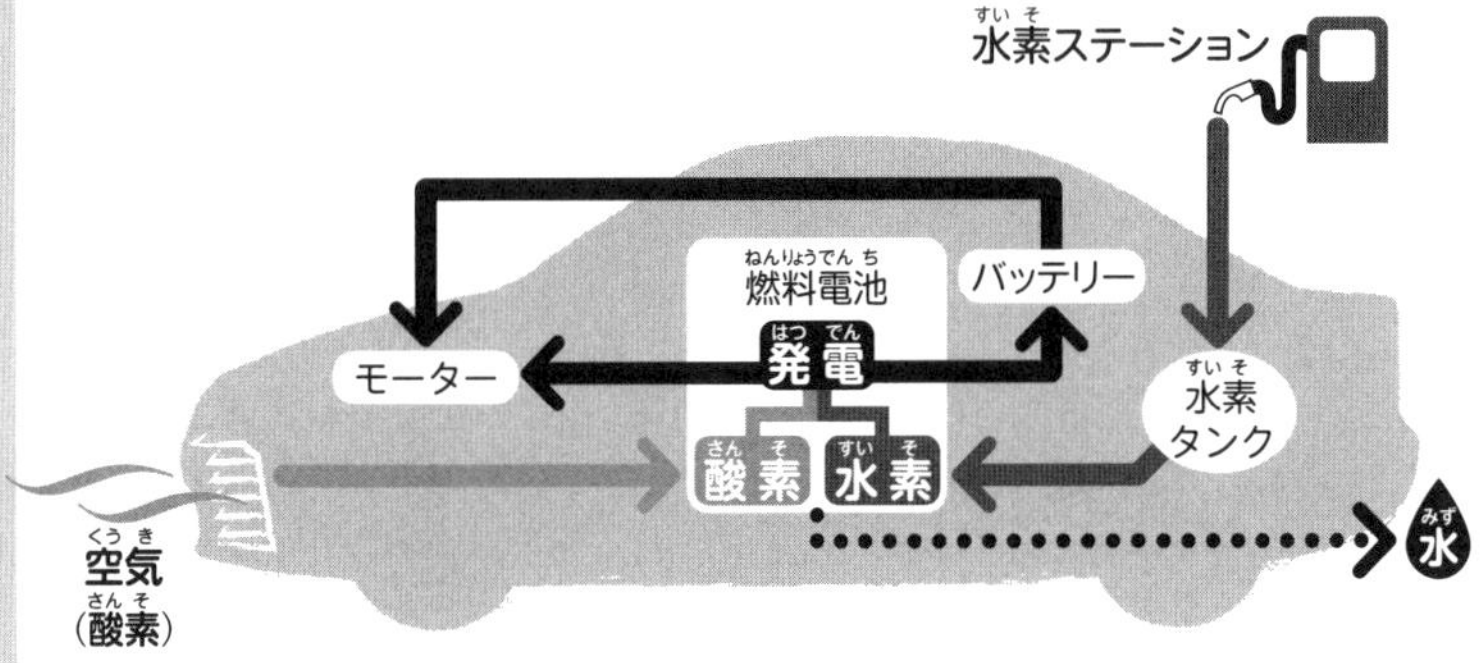

燃料電池自動車《ねんりょうでんちじどうしゃ》MIRAI《ミライ》は、重心《じゅうしん》が低《ひく》くて走《はし》りやすい

MIRAI《ミライ》

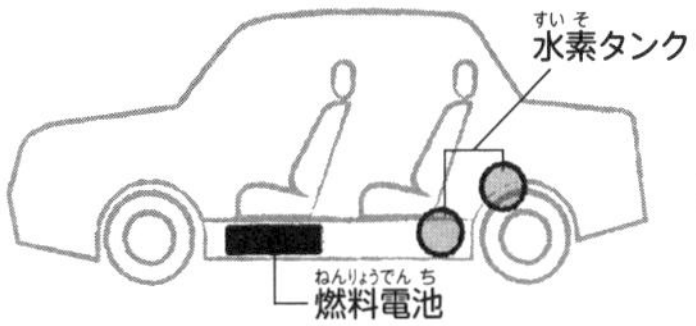

燃料電池《ねんりょうでんち》が、運転席《うんてんせき》の下《した》にあります。重《おも》いものがクルマの中心《ちゅうしん》に近《ちか》い場所《ばしょ》、しかも低《ひく》いところにあるためふらつきにくく、気《き》持《も》ちよく走《はし》れます。

一般的《いっぱんてき》なガソリン自動車《じどうしゃ》

エンジンが、運転席《うんてんせき》より前《まえ》にあります。クルマの中心《ちゅうしん》から遠《とお》くて高《たか》いところに重《おも》いものがのっています。

コラム

「燃料電池《ねんりょうでんち》ってなに？」

一八八六年《ねん》、世界《せかい》で初《はじ》めて、ガソリンエンジンで走《はし》る自動車《じどうしゃ》ができました。開発《かいはつ》したのは、ドイツ人《じん》のカール・ベンツ。メルセデス・ベンツをつくった人《ひと》です。

それから一〇〇年《ねん》以上《いじょう》のあいだ、エンジンで走《はし》る自動車《じどうしゃ》がたくさんつくられてきました。でも、ガソリンや軽油《けいゆ》は、地面《じめん》の奥《おく》ふかくから掘《ほ》りだす原油《げんゆ》からつくるため、いつかはなくなってしまいます。

原油《げんゆ》を使《つか》いきってしまったら、どうしたらいいのでしょうか。

そこで注目《ちゅうもく》されたのが、燃料電池《ねんりょうでんち》です。

燃料電池《ねんりょうでんち》は、水素《すいそ》と酸素《さんそ》を化学反応《かがくはんのう》させて電気《でんき》をつくる、発電装置《はつでんそうち》のこと。

水素《すいそ》は、水《みず》や、食《た》べものや、植物《しょくぶつ》、プラスチックなど、いろんなもののなかにあり、ゴミや排泄物《はいせつぶつ》のなかからでも取《と》りだすことができます。

酸素《さんそ》は、わたしたちのまわりにある空気《くうき》のなかにあります。

つまり、どちらも無限《むげん》に使《つか》えます。

エンジンのかわりに、燃料電池《ねんりょうでんち》を自動車《じどうしゃ》にのせて発電《はつでん》しながら走《はし》ることができたら、ガソリンや軽油《けいゆ》がなくなっても困《こま》ることはありません。

もちろん、燃料電池《ねんりょうでんち》でつくった電気《でんき》で、電気自動車《でんきじどうしゃ》を走《はし》らせる方法《ほうほう》もあります。でも、電気自動車《でんきじどうしゃ》は、充電《じゅうでん》に十数分《すうふん》～数時間《すうじかん》もかかるうえ、長《なが》い距離《きょり》を走《はし》らせようとしたら、重《おも》くてかさばるバッテリーをたくさんつまなくてはなりません。水素《すいそ》なら数分《すうふん》で入《い》れられるし、高性能《こうせいのう》のタンクがあれば、たくさんの水素《すいそ》をつむことができます。

夢《ゆめ》の乗《の》りもの、燃料電池自動車《ねんりょうでんちじどうしゃ》。ただ、すごいことがわかっていても、一般《いっぱん》の人《ひと》に乗《の》ってもらえるようにするにはたくさんの問題《もんだい》がありました。

プロローグ

「一台《だい》、一億円《おくえん》もする？」

「いったい、だれが買《か》うんですか。」

冬晴《ふゆば》れの横浜《よこはま》でおこなわれた試乗会《しじょうかい》で、燃料電池《ねんりょうでんち》の実験車《じっけんしゃ》を運転《うんてん》した記者《きしゃ》たちは、あきれた声《こえ》をだした。ふつうの人《ひと》は、とてもじゃないけれど買《か》えない。

けれど、それ以上《いじょう》に深刻《しんこく》な問題《もんだい》は、燃料電池《ねんりょうでんち》が発電《はつでん》するときに出《で》る水《みず》だった。

寒《さむ》いところにクルマを止《と》めておけば、燃料電池《ねんりょうでんち》のなかの水《みず》が凍《こお》って動《うご》かなくなってしまう。

「そんなもの、クルマには使《つか》えませんよ。」

記者《きしゃ》のひとことが、技術者《ぎじゅつしゃ》たちの胸《むね》につきささる。くやしいけれど、そのとおりだ。

価格《かかく》は、いずれなんとかできる。

けれど、水《みず》が凍《こお》る問題《もんだい》は、どうすればいいのかまったくわからないのだ。このままでは、クルマとして使《つか》いものにならない。

燃料電池自動車《ねんりょうでんちじどうしゃ》の前《まえ》には、大《おお》きな壁《かべ》が立《た》ちはだかっていた。

1

燃料電池自動車《ねんりょうでんちじどうしゃ》プロジェクト

トヨタが、ひそかに小《ちい》さなチームをつくって燃料電池自動車《ねんりょうでんちじどうしゃ》の研究《けんきゅう》をはじめたのは、1992年《ねん》のこと。

最初《さいしょ》につくった燃料電池《ねんりょうでんち》は、すこししか発電《はつでん》できませんでした。

これでは、大《おお》きくて重《おも》いクルマを動《うご》かすことはできません。

どうすれば、たくさん発電《はつでん》できるのか。

研究《けんきゅう》が、こつこつとつづけられていきました。

7年後《ねんご》の1999年《ねん》、本格的《ほんかくてき》に燃料電池自動車《ねんりょうでんちじどうしゃ》のプロジェクトができます。技術者《ぎじゅつしゃ》がさらに集《あつ》められ、開発《かいはつ》が一気《いっき》に進《すす》んでいきます。

1 夢《ゆめ》の実現《じつげん》

一九九九年《ねん》。

トヨタの技術者《ぎじゅつしゃ》、波可節夫《はかせつお》、通称《つうしょう》ハカセは、技術者《ぎじゅつしゃ》になってから二十年《ねん》ちかく、ずっとエンジンの開発《かいはつ》をしている。そんなハカセの頭《あたま》のすみには、いつも燃料電池自動車《ねんりょうでんちじどうしゃ》のことがあった。

トヨタにも小《ちい》さなチームがあって、研究《けんきゅう》をつづけている。いま、どのくらい進《すす》んでいるのだろう。

ある日《ひ》の昼休《ひるやす》み、ハカセは、おなじ部《ぶ》の同僚《どうりょう》に話《はな》しかけた。

「燃料電池《ねんりょうでんち》の実験車《じっけんしゃ》、次《つぎ》をつくらないのかな。」

「ああ、オフロード車《しゃ》のエンジンをおろして、燃料電池《ねんりょうでんち》をのせたやつね。」

背《せ》の高《たか》いオフロード車《しゃ》でつくられた実験車《じっけんしゃ》には、『ＦＣＨＶ《エフシーエイチブイ》』という名前《なまえ》がついていた。

フューエル・セル・ハイブリッド・ヴィークル（Fuel Cell Hybrid Vehicle）。燃料電池《ねんりょうでんち》は英語《えいご》で、フューエル・セルという。

「二年前《ねんまえ》から、新《あたら》しい実験車《じっけんしゃ》をつくっていないだろ。」

つくっていないということは、研究《けんきゅう》がうまくいっていないのかもしれない。

「ドイツの自動車会社《じどうしゃがいしゃ》は、かなり力《ちから》を入《い》れて開発《かいはつ》しているみたいだけどね。」

ドイツだけでなく、日本《にっぽん》の自動車会社《じどうしゃがいしゃ》も、さかんに開発《かいはつ》しているといううわさが入《はい》ってくる。トヨタはいったい、燃料電池《ねんりょうでんち》自動車《じどうしゃ》をどうするつもりなのだろう。

同僚《どうりょう》は、ハカセの顔《かお》をじっと見《み》た。

「ハカセ、燃料電池《ねんりょうでんち》をやりたいのか？」

そういわれて、ハカセは、照《て》れくさそうに告白《こくはく》した。

「うん。」

同僚《どうりょう》は、びっくりした顔《かお》でハカセを見《み》る。ハカセはつづけた。

「ガソリンは、いつかなくなるんだぞ。おれたちが、いま開発《かいはつ》しているエンジンだって、使《つか》えなくなる日《ひ》がくるんだ。さびしくないか？」

「いや、まあ、そうだけれど。」

「それに、クルマが出《だ》す二酸化炭素《にさんかたんそ》が、温暖化《おんだんか》の原因《げんいん》だといわれている。せっかくつくったものが悪《わる》くいわれるのは、いやじゃないか。」

ハカセは、子《こ》どものころから発明《はつめい》が好《す》きだった。自分《じぶん》のつくったものが、だれかの役《やく》にたつ。いいものをつくると、みんながよろこんでくれる。

こんなにうれしいことはない。

なのに、クルマは排気《はいき》ガスを出《だ》す。便利《べんり》で楽《たの》しい乗《の》りものなのに、すぐに悪者《わるもの》にされてしまう。地球温暖化《ちきゅうおんだんか》の話《はなし》になるたびに、クルマのせいだといわれるのが悲《かな》しかった。

だけど同僚《どうりょう》は、エンジンが排気《はいき》ガスを出《だ》すのは当《あ》たり前《まえ》だという顔《かお》をした。

「ハカセ。原油《げんゆ》ってほんとうになくなるのか？　なくなるとしても、ずうっと先《さき》の話《はなし》じゃないか。おれたちには関係《かんけい》ないよ。」

「そうかなあ。」

「そうだよ。いま、おれたちが開発《かいはつ》しているエンジン。いままでにないくらい、クリーンですごいやつができる。世《よ》の中《なか》を、おどろかせてやろうぜ。」

「そうだな。」

ハカセが、そういったところで昼休《ひるやす》みが終《お》わった。

ハカセは、ぼんやり考《かんが》える。

燃料電池《ねんりょうでんち》の開発《かいはつ》が、むずかしいことは知《し》っている。一九六九年《ねん》、アメリカのアポロ計画《けいかく》で宇宙船《うちゅうせん》にのせられたほどの技術《ぎじゅつ》なのに、いまだにまともにできていないのだ。

でも、挑戦《ちょうせん》する価値《かち》はある。

原油《げんゆ》はいつか、必《かなら》ずなくなる。自分《じぶん》たちの世代《せだい》で使《つか》いきってあとは知《し》りませんでは、次《つぎ》の世代《せだい》にあまりにも無責任《むせきにん》じゃないか。

そんなある日《ひ》、研究所《けんきゅうじょ》に、いっせいに告知《こくち》がでた。

『燃料電池自動車《ねんりょうでんちじどうしゃ》プロジェクトをつくります。開発《かいはつ》する人《ひと》を募集《ぼしゅう》します。』

トヨタでは、プロジェクトが新《あたら》しくできたり、人《ひと》を増《ふ》やしたりするとき、ときどきこうして募集《ぼしゅう》をする。やりたいと思《おも》っている人《ひと》を集《あつ》めて、積極的《せっきょくてき》に開発《かいはつ》してもらうためだ。

トヨタが、本気《ほんき》で燃料電池自動車《ねんりょうでんちじどうしゃ》を開発《かいはつ》する気《き》になった。

ハカセは、まっさきに手《て》をあげた。

2 クルマで使《つか》うために

プロジェクトに入《はい》った最初《さいしょ》の日《ひ》、ハカセは、トヨタのテストコースがある東富士研究所《ひがしふじけんきゅうじょ》に呼《よ》ばれた。

小《ちい》さな会議室《かいぎしつ》に入《はい》ると会議用《かいぎよう》の机《つくえ》の前《まえ》に、これまで燃料電池《ねんりょうでんち》チームをひっぱってきた上司《じょうし》が座《すわ》っている。

ハカセが、むかいの席《せき》に座《すわ》ると、怖《こわ》そうな顔《かお》をした上司《じょうし》はいきなり窓《まど》を指《ゆび》さした。

「おれたちはいまから、あの山《やま》に登《のぼ》る。」

窓《まど》の外《そと》には、青《あお》い空《そら》に高《たか》くそびえる富士山《ふじさん》の姿《すがた》があった。

「はあ?」

ハカセは、なにごとかと思《おも》って上司《じょうし》の顔《かお》を見《み》るが、上司《じょうし》は真剣《しんけん》な顔《かお》をして腕《うで》をくみ、富《ふ》士山《じさん》を見《み》つめていた。ハカセもつられて、もういちど富士山《ふじさん》を見《み》る。

あれに登《のぼ》るといわれても。

ハカセは、困《こま》ったまま富士山《ふじさん》を見《み》つめる。

富士山《ふじさん》は、全体《ぜんたい》が雪《ゆき》におおわれ、太陽《たいよう》の光《ひかり》があたってきらめいている。

(頂上《ちょうじょう》ふきんは、寒《さむ》そうだな。)

ふと、そう思《おも》った。

富士山《ふじさん》は、夏《なつ》なら小学生《しょうがくせい》でも登《のぼ》ることができる。けれど、冬《ふゆ》はちがう。

ふりつもった雪《ゆき》は、がちがちに凍《こお》る。足《あし》をすべらせでもしたら、山《やま》の斜面《しゃめん》を一気《いっき》に何百《なんびゃく》メートルもころがりおちて、死《し》ぬことだってある。燃料電池自動車《ねんりょうでんちじどうしゃ》の開発《かいはつ》は、そのきびしい山《やま》に登《のぼ》るようなものなのだ。

真《ま》っ白《しろ》な富士山《ふじさん》を見《み》つめながら、ハカセは、この開発《かいはつ》が長《なが》く大変《たいへん》な道《みち》のりになると感《かん》じていた。

このころ、燃料電池《ねんりょうでんち》は自動車《じどうしゃ》だけでなく、家庭用《かていよう》としても開発《かいはつ》がはじまっていた。家庭《かてい》で使《つか》うガスや灯油《とうゆ》などのなかには、水素《すいそ》が入《はい》っている。これを利用《りよう》すれば、家庭用《かていよう》燃料電池《ねんりょうでんち》として、家《いえ》で使《つか》う電気《でんき》をつくれるのだ。

「家庭用燃料電池《かていようねんりょうでんち》なら、家《いえ》のわきに置《お》けばいいけれど。」

「クルマで使《つか》うには、クルマにのるくらい小《ちい》さくして、一〇〇倍以上発電《ばいいじょうはつでん》させたいですからね。」

クルマは重《おも》い。二トンくらいある。それを動《うご》かすのだ。冷蔵庫《れいぞうこ》やエアコン用《よう》に電気《でんき》をつくるのとはわけがちがう。

大《おお》きさや発電《はつでん》の量《りょう》だけでなく、発電《はつでん》のしかたも考《かんが》えなければならない。

エンジンは、アクセルペダルをふんだぶんだけガソリンがエンジンのなかに入《はい》り、パワーが出《で》て速度《そくど》があがる。

燃料電池《ねんりょうでんち》も、アクセルペダルをふんだぶん発電《はつでん》して、モーターのパワーが出《で》て速度《そくど》があがるようにしなければならない。

アクセルペダルの動《うご》きに合《あ》わせて、発電《はつでん》させたい。

これが、むずかしい。

どんなやり方《かた》があるのか。どんな材料《ざいりょう》を使《つか》えばいいのか。

まるで、雲《くも》をつかむような、ゼロからの挑戦《ちょうせん》のはじまりだった。

3 こんなもの使《つか》えない！

ハカセたちがプロジェクトに入《はい》ったあと、開発《かいはつ》はちゃくちゃくと進《すす》んでいった。

さまざまなアイディアや技術《ぎじゅつ》を使《つか》い、燃料電池《ねんりょうでんち》は、人《ひと》が入《はい》れるほどの大《おお》きさの箱《はこ》だったものから、半分《はんぶん》くらいになる。

アクセルペダルをふめば、すいっと気持《きも》ちよく前《まえ》に出《で》ていく技術《ぎじゅつ》もできた。

二〇〇二年《ねん》十一月《がつ》。

「もう、公道《こうどう》を走《はし》らせても問題《もんだい》はない。」

実験車《じっけんしゃ》に、国土交通省《こくどこうつうしょう》から特別《とくべつ》なナンバープレートを出《だ》してもらえることになった。

ハカセたちは、達成感《たっせいかん》に包《つつ》まれていた。富士山《ふじさん》の頂上《ちょうじょう》が、はっきりと見《み》えた気分《きぶん》だ。

トヨタの燃料電池《ねんりょうでんち》の開発《かいはつ》が、ここまで進《すす》んだ。

このことを、多《おお》くの人《ひと》に知《し》ってもらいたい。

広報部《こうほうぶ》が、試乗会《しじょうかい》をひらくことになった。記者《きしゃ》や、ジャーナリストにのってもらい、新《しん》聞《ぶん》や雑誌《ざっし》で紹介《しょうかい》してもらうのである。

みんな、おどろいてくれるだろうか。

すごいですね、やりましたねと、ほめてくれるだろうか。


年《とし》が明《あ》けた二〇〇三年《ねん》二月《がつ》。横浜《よこはま》でおこなわれた、試乗会《しじょうかい》の日《ひ》。

出張《しゅっちょう》でホテルに泊《と》まっていたハカセたちは、朝早《あさはや》くから起《お》きだして会場《かいじょう》に向《む》かった。二月《がつ》の早朝《そうちょう》は、かなり冷《ひ》えこんだものの、寒《さむ》さなど気《き》にならないほど気分《きぶん》がいい。記者《きしゃ》たちにのってもらう最新型《さいしんがた》のＦＣＨＶ《エフシーエイチブイ》は、ぴかぴかにみがかれて会場《かいじょう》で出番《でばん》をまっていた。

新聞《しんぶん》や雑誌《ざっし》で紹介《しょうかい》されるのだ。きれいに写真《しゃしん》を撮《と》ってもらいたい。どんなふうに紹介《しょうかい》してもらえるのだろうか。わくわくした。

試乗会《しじょうかい》がはじまった。

記者《きしゃ》たちが、ＦＣＨＶ《エフシーエイチブイ》の荷物《にもつ》スペースにのせられた燃料電池《ねんりょうでんち》や大《おお》きなタンクを、めずらしそうにのぞきこんでいる。

ハンドルをにぎって運転《うんてん》をはじめると記者《きしゃ》たちは、おどろきの声《こえ》をあげた。

「すごい！　ふつうに走《はし》れるんですね！」

助手席《じょしゅせき》にいたハカセは、思《おも》わず笑顔《えがお》になる。記者《きしゃ》は、さらにつづける。

「静《しず》かですね！　エンジンの音《おと》がしないので、不思議《ふしぎ》な感《かん》じです。」

みんな、燃料電池自動車《ねんりょうでんちじどうしゃ》がこんなにすごいと思《おも》っていなかったらしく、びっくりしている。記者《きしゃ》たちの興奮《こうふん》が、ハカセたちにも伝《つた》わってきた。

カメラマンが、ＦＣＨＶ《エフシーエイチブイ》の写真《しゃしん》はもちろん、燃料電池《ねんりょうでんち》の写真《しゃしん》もたくさん撮《と》っている。

「このあたりが、大変《たいへん》だったんです。」

担当者《たんとうしゃ》が、むずかしかったところを説明《せつめい》すると、記者《きしゃ》たちがいっせいにメモをとる。開《かい》発《はつ》の苦労話《くろうばなし》として、紹介《しょうかい》してもらえるはずだ。

ハカセたちの三年間《ねんかん》、いや、最初《さいしょ》から燃料電池《ねんりょうでんち》チームにいる人《ひと》たちにとっては、十年間《ねんかん》の苦労《くろう》がむくわれた思《おも》いだ。

けれど、いいことだけでは終《お》わらなかった。

説明《せつめい》のあと、記者《きしゃ》たちはいろいろな質問《しつもん》をしてきた。

「どのくらいの距離《きょり》を、走《はし》れるんですか？」

「三三〇キロメートルくらいです。エアコンを使《つか》うときは、二〇〇キロメートルくらいになります。」

エアコンやカーナビ、雨《あめ》の日《ひ》でも前《まえ》が見《み》えるように動《うご》かすワイパーも電気《でんき》を使《つか》う。そのぶん、走《はし》れる距離《きょり》がへってしまうのだ。もっと大《おお》きなタンクをのせれば、もっと走《はし》れるけれど、これ以上《いじょう》、大《おお》きなタンクはのせられない。

「二〇〇キロメートル？　ふつうのクルマなら、ガソリンをタンクにいっぱい入《い》れれば、その何倍《なんばい》も走《はし》れますよね。」

べつのジャーナリストが、質問《しつもん》する。

「価格《かかく》は、いくらですか？」

「まだ実験車《じっけんしゃ》なので、一億円《おくえん》くらいかかっています。」

「一億円《おくえん》かあ……。」

ジャーナリストは、残念《ざんねん》そうな声《こえ》を出《だ》した。

さっきまで、よろこんで運転《うんてん》していた記者《きしゃ》たちが、だんだんいじわるな顔《かお》になってくる。そして、燃料電池《ねんりょうでんち》自動車《じどうしゃ》の、いちばんの問題《もんだい》を指摘《してき》してきた。

水《みず》だ。

燃料電池《ねんりょうでんち》は、電気《でんき》をつくるときに、いっしょに水《みず》もできる。走《はし》っているときは、自然《しぜん》に外《そと》に出《で》ていくようになっているのだが、全部出《ぜんぶで》きらずに燃料電池《ねんりょうでんち》のなかに残《のこ》ってしまう。

「寒《さむ》いところでは、どうなるんですか？」

「走《はし》っているときはいいんですが、外《そと》に止《と》めておくと凍《こお》ります。」

「凍《こお》ったら、どうなるんですか？」

「次《つぎ》に動《うご》かそうとしても、動《うご》きません。」

残念《ざんねん》ながら、そこがまだ解決《かいけつ》できていなかった。

「じゃあ、次《つぎ》の日《ひ》の朝《あさ》、動《うご》かないってことですか。」

くやしいけれど、そのとおりだった。

「東京《とうきょう》でも雪《ゆき》はふるんですよ。」

「これじゃ、使《つか》いものになりませんよ。」

その場《ば》にいた記者《きしゃ》たちは、だれひとりとして、燃料電池自動車《ねんりょうでんちじどうしゃ》が使《つか》えるようになるとは思《おも》っていなかった。

朝《あさ》のはずんだ気持《きも》ちはすっかり消《き》えうせ、くやしさでいっぱいになる。

「こんなもの、使《つか》えない。」

その言葉《ことば》が、頭《あたま》のなかをぐるぐるとかけめぐる。

実《じつ》は、トヨタの社内《しゃない》でもそういう人《ひと》はたくさんいた。

「石油《せきゆ》がなくなるとしても、何百年《なんねん》も先《さき》のこと。燃料電池《ねんりょうでんち》なんて必要《ひつよう》ない。」

「できるかどうかわからない燃料電池《ねんりょうでんち》の開発《かいはつ》に、会社《かいしゃ》の大切《たいせつ》なお金《かね》を使《つか》うなんて。」

技術《ぎじゅつ》は、クルマを買《か》ってくれる人《ひと》のためにある。よろこんでもらえるクルマをつくらなくては、なんの意味《いみ》もないというのだ。

燃料電池《ねんりょうでんち》を開発《かいはつ》しているハカセたちは、会社《かいしゃ》のなかで、タダ飯食《めしぐ》いと悪口《わるくち》をいわれることもあった。

今日《きょう》は記者《きしゃ》たちに、燃料電池自動車《ねんりょうでんちじどうしゃ》の可能性《かのうせい》を認《みと》めてもらえるはずだった。もうそんな悪口《わるくち》を、いわれなくなると思《おも》っていたのに。

遠《とお》くに見《み》えていたはずの富士山《ふじさん》の頂上《ちょうじょう》が、雲《くも》のなかに消《き》えていく。

それよりほんとうに、頂上《ちょうじょう》はあるのか？　自分《じぶん》たちが思《おも》いえがいている富士山《ふじさん》は、まぼろしではないのだろうか。

ハカセたちは、長《なが》い息《いき》をはきながら空《そら》を見《み》あげた。

4 水《みず》とのたたかい

「水《みず》をなんとかする！」

水《みず》の問題《もんだい》が解決《かいけつ》できなければ、クルマで使《つか》うことはぜったいに不可能《ふかのう》だ。

ハカセたちは、最大《さいだい》の敵《てき》に向《む》きあった。

家庭用《かていよう》の燃料電池《ねんりょうでんち》なら、水《みず》を凍《こお》らせないためのりっぱなカバーをかぶせればいい。

でも、クルマはちがう。りっぱなカバーなどつけたら、ますます人《ひと》や荷物《にもつ》をのせるところがなくなってしまう。

「凍《こお》らせなければいいんですよね？」

会議室《かいぎしつ》で、技術者《ぎじゅつしゃ》がアイディアを出《だ》していく。

「まわりにヒーターをつけてあたためて、凍《こお》らないようにするとか。」

「その電気《でんき》は、どうするんだ。燃料電池《ねんりょうでんち》でつくった電気《でんき》をヒーターで使《つか》っていたら、走《はし》るぶんがなくなるぞ。」

「水《みず》がたまらないように、全部《ぜんぶ》、燃料電池《ねんりょうでんち》の外《そと》に出《だ》しちゃうってどうですか？」

「それは、きびしいだろう。岩《いわ》から水《みず》がしみだすように、出《で》てくるんだ。全部《ぜんぶ》なくすことは不可能《ふかのう》だよ。」

「やってみなくちゃ、わからないじゃないですか。」

みんな、真剣《しんけん》だ。意見《いけん》がぶつかりあう。

「そもそも、水《みず》ができるからいけないんですよね。もっと性能《せいのう》をあげたら、使《つか》う水素《すいそ》の量《りょう》がへって、出《で》る水《みず》の量《りょう》がへります。挑戦《ちょうせん》してみましょう。」

ホワイトボードは、出《だ》されたアイディアでうめつくされていく。

「全部《ぜんぶ》やってみよう！」

どこに正解《せいかい》があるかわからない。すこしでも可能性《かのうせい》があるなら、やってみるしかない。

アイディアを取《と》りいれた試作品《しさくひん》をつくり、冷凍庫《れいとうこ》のような実験室《じっけんしつ》でテストをくりかえす。冬《ふゆ》になると、北海道《ほっかいどう》にあるテストコースに持《も》っていってテストだ。

ハカセが、愛知県《あいちけん》にある研究所《けんきゅうじょ》で待《ま》っていると、テストコースにいる若《わか》い技術者《ぎじゅつしゃ》から電話《でんわ》がかかってきた。

「どうだった？」

ハカセが、どきどきしながらたずねると、元気《げんき》な声《こえ》がかえってくる。

「予想《よそう》どおり、凍《こお》りました！」

あまりの元気《げんき》な声《こえ》にあきれるが、みごとな凍《こお》りっぷりであることが想像《そうぞう》できる。

「予想《よそう》どおりってなんだ！　予想《よそう》どおりって！」

つい、電話《でんわ》に向《む》かってどなるものの、結果《けっか》が変《か》わるわけではない。

「すいません！　でも、やっぱり凍《こお》りました！」

そんなことのくりかえしである。

「水《みず》は、零度以下《れいどいか》でも凍《こお》らないよね？」

ある日《ひ》、研究所《けんきゅうじょ》でだれかが、ふっと思《おも》いついたようにつぶやいた。

「学校《がっこう》では、水《みず》が凍《こお》るのは零度《れいど》と教《おそ》わったけれど、雪《ゆき》どけ水《みず》が川《かわ》になっているようなところは、零度以下《れいどいか》でも凍《こお》らない。」

「流《なが》れるように動《うご》かしたら、凍《こお》らないってことか？」

「凍《こお》らせない技術《ぎじゅつ》があるはずだ。さがしてみよう！」

さまざまな実験《じっけん》を何度《なんど》もくりかえす。すると、零度《れいど》どころか、マイナス十五度《ど》まで凍《こお》らせない技術《ぎじゅつ》を発見《はっけん》したのである。

「この技術《ぎじゅつ》を使《つか》えば、マイナス十五度《ど》でも、燃料電池《ねんりょうでんち》を再始動《さいしどう》させられる！」

ゴールが、すこしずつ見《み》えてきた。

「マイナス何度《なんど》まで、再始動《さいしどう》できるようにするか目標《もくひょう》をたてよう。」

日本《にっぽん》でも冬《ふゆ》の北海道《ほっかいどう》などでは、マイナス二十度《ど》より低《ひく》くなる。観測《かんそく》されたなかでの最低《さいてい》気温《きおん》は北海道《ほっかいどう》の旭川《あさひかわ》で、マイナス四十一・〇度《ど》だ。

世界《せかい》の最低気温《さいていきおん》の記録《きろく》は、マイナス九十三・二度《ど》。もっともこれは南極《なんきょく》なので、クルマは使《つか》わないのだが。

「カナダで、マイナス六十三度《ど》という記録《きろく》があります。」

「ここまで寒《さむ》いと、エンジンもかかりません。エンジンのなかに入《い》れてあるオイルが、寒《さむ》さでどろどろになりますから。」

そのため、カナダなどの寒《さむ》いところでは、エンジンが冷《つめ》たくなりすぎないように、車庫《しゃこ》にエンジン用《よう》ヒーターがついている。

世界各地《せかいかくち》の寒《さむ》い場所《ばしょ》で生活《せいかつ》する人《ひと》は、クルマをどう使《つか》っているのか。エンジンで走《はし》るクルマは、マイナス何度《なんど》まで走《はし》れるようになっているのか。あちこち調《しら》べて意見《いけん》を出《だ》しあう。

燃料電池自動車《ねんりょうでんちじどうしゃ》が再始動《さいしどう》できる目標《もくひょう》は、マイナス四十度《ど》に決定《けってい》した。

ハカセたちは、マイナス四十度《ど》に向《む》けて開発《かいはつ》をつづけた。アイディアをもりこんだ燃料《ねんりょう》電池《でんち》をつくり、実験室《じっけんしつ》でテストをくりかえす。

そして冬《ふゆ》になると、北海道《ほっかいどう》のテストコースでテストである。実験室《じっけんしつ》だけではなく、北海道《ほっかいどう》まで行《い》くのには理由《りゆう》がある。実験室《じっけんしつ》とほんとうの世界《せかい》はちがう。タイヤの下《した》には雪《ゆき》があり、風《かぜ》もふいている。実験室《じっけんしつ》とおなじ温度《おんど》でも、なにかちがうことが起《お》きるかもしれない。実験室《じっけんしつ》で満足《まんぞく》せず、必《かなら》ず、ほんとうの世界《せかい》でテストする。

これは、トヨタの技術者《ぎじゅつしゃ》が、みんなおこなっていることだ。

あの、くやしかった横浜《よこはま》での記者試乗会《きしゃしじょうかい》から三年《ねん》たった二〇〇六年《ねん》の一月《がつ》。ひとつの目《もく》標《ひょう》である、マイナス二十度《ど》での再始動《さいしどう》に成功《せいこう》した。

ただ、完璧《かんぺき》というわけではない。キーをさしこんで、エンジンをかけるようにひねってから燃料電池《ねんりょうでんち》が動《うご》きだすのに六十秒《びょう》もかかる。もっと早《はや》く動《うご》きだすようにしなければ、また「使《つか》いものにならない。」といわれてしまう。


その年《とし》の暮《く》れ。

実験室《じっけんしつ》で、歓声《かんせい》があがった。

「動《うご》いた！」

「やった！」

ハカセたちは、実験室《じっけんしつ》のなかで、マイナス四十度《ど》でも再始動《さいしどう》させる技術《ぎじゅつ》をつくりあげたのである。

もちろん、キーをひねれば、すぐに再始動《さいしどう》する。

実験室《じっけんしつ》で成功《せいこう》したら、次《つぎ》はほんとうに寒《さむ》い場所《ばしょ》でのテストだ。日本《にっぽん》では、もうテストができない。

寒《さむ》い国《くに》に運《はこ》んでのテストである。

5 白銀《はくぎん》の世界《せかい》でテスト

年《とし》が明《あ》けた二〇〇七年《ねん》、一月《がつ》。

カナダのケベック州《しゅう》に、燃料電池《ねんりょうでんち》をのせたＦＣＨＶ《エフシーエイチブイ》を運《はこ》んだ。

ケベック州最大《しゅうさいだい》の都市《とし》モントリオールは、一九七六年《ねん》に夏季《かき》オリンピックが開催《かいさい》された美《うつく》しい都市《とし》だ。けれど、広《ひろ》いケベック州《しゅう》の北《きた》のほうは、北極圏《ほっきょくけん》まであとすこしという寒《さむ》いところである。

テストはその、北極圏《ほっきょくけん》のそばにある街《まち》でおこなわれた。

冬《ふゆ》のこのあたりは、朝《あさ》はいつまでたっても明《あか》るくならず、夕方《ゆうがた》はあっという間《ま》に真《ま》っ暗《くら》になる。ただでさえ寒《さむ》いのに、暗《くら》さがよけい寒《さむ》く感《かん》じさせていた。

若手技術者《わかてぎじゅつしゃ》の氷川正義《ひかわまさよし》は、マイナス二十度《ど》で息《いき》をすると鼻毛《はなげ》が凍《こお》ることは、北海道《ほっかいどう》で体《たい》験《けん》していたが、マイナス三十度《ど》では、肺《はい》が痛《いた》くなることを知《し》った。

「肺《はい》が凍《こお》ったら、どうなるんだろう？」

体力《たいりょく》には自信《じしん》があるものの、あまり考《かんが》えたくない。

この寒《さむ》さになれているカナダ人《じん》のスタッフは、平気《へいき》な顔《かお》をしているが、氷川《ひかわ》たちは、できるだけ深呼吸《しんこきゅう》はしないでおこうと決《き》めた。

テストは十日間《とおかかん》。

ここで、燃料電池《ねんりょうでんち》をさらに改良《かいりょう》していく。

時間《じかん》をうまく使《つか》うために、氷川《ひかわ》たちは、時差《じさ》を利用《りよう》した作戦《さくせん》をたてていた。

冬《ふゆ》のこの時期《じき》、ケベック州《しゅう》より日本《にっぽん》のほうが十四時間《じかん》さきに進《すす》んでいる。ケベック州《しゅう》の夜《よる》七時《じ》は、ハカセたちのいる日本《にっぽん》では、翌日《よくじつ》の午前《ごぜん》九時《じ》だ。

氷川《ひかわ》は、その日《ひ》のテストが終《お》わると、夜《よる》、データを日本《にっぽん》に送《おく》る。

日本《にっぽん》はちょうど朝《あさ》なので、受《う》けとったハカセたちは、ふつうに作業《さぎょう》を進《すす》めて、日本《にっぽん》の夕方《ゆうがた》、ケベックに送《おく》りかえす。

翌朝《よくあさ》、氷川《ひかわ》が起《お》きると、改良《かいりょう》されたデータが日本《にっぽん》から届《とど》いているというわけだ。

以前《いぜん》なら、テストを何度《なんど》もくりかえし、日本《にっぽん》に持《も》ちかえって改良《かいりょう》し、ふたたびカナダに来《き》てテストをしていたが、インターネットがあるいまは、わずか一日《にち》で終《お》わってしまう。

ここ数年《すうねん》、開発《かいはつ》がどんどん早《はや》くなるわけである。

氷川《ひかわ》は、日本《にっぽん》に送《おく》るメールの最初《さいしょ》にはいつも、「今日《きょう》も順調《じゅんちょう》です。」と書《か》くことにしていた。ハカセたちがメールをひらいたときに、そのひとことがぱっと目《め》に入《はい》れば安心《あんしん》すると思《おも》ったからだ。

テスト六日《むいか》め。

その日《ひ》は、この冬《ふゆ》いちばんの寒波《かんぱ》がやってきた。頬《ほお》にあたる風《かぜ》が痛《いた》い。息《いき》をすうたびに、鼻毛《はなげ》が凍《こお》っていくのがわかる。

「今日《きょう》は寒《さむ》いぞ。」

カナダ人《じん》のスタッフが、首《くび》をちぢめてみせながら、マイナス四十度《ど》だと教《おし》えてくれる。

ついにきた。マイナス四十度《ど》。

寒《さむ》さとは反対《はんたい》に、氷川《ひかわ》の心《こころ》は燃《も》えていた。

「おれたちの燃料電池《ねんりょうでんち》を、凍《こお》らせられるものならやってみろ!」

テストコースにいくと、ゆうべから外《そと》に出《だ》しておいたFCHV《エフシーエイチブイ》が、真《ま》っ白《しろ》になっている。ドアをあけようとすると、凍《こお》りついていた。力《ちから》を入《い》れて、ひっぱってあける。

「これが、マイナス四十度《ど》ということか。」

氷川《ひかわ》は、いままでとはちがう気温《きおん》の低《ひく》さを感《かん》じていた。

でも、きっとうまくいく。だれもがそう信《しん》じていた。

「はじめます。」

氷川《ひかわ》がそういって、ハンドルのわきにキーをさしこんでひねる。

燃料電池《ねんりょうでんち》が始動《しどう》すれば、スピードメータや、そのまわりにあるたくさんのランプがつくはずだ。

ところが、まったくつかない。

なにかのまちがいか？　氷川《ひかわ》は、そう思《おも》いながらもういちど、ゆっくりとキーをひねりなおしてみる。

ランプは、なんの反応《はんのう》もみせなかった。

氷川《ひかわ》の顔《かお》から、笑《え》みが消《き》えた。

うそだろ？

落《お》ちつけ。

改《あらた》めて、運転席《うんてんせき》に座《すわ》りなおす。助手席《じょしゅせき》にいる、もうひとりの担当者《たんとうしゃ》といっしょに、ひとつずつたしかめていく。

いつだったか、水素《すいそ》ポンプにつないだ配線《はいせん》がはずれていたことがあった。そのときのようにまた、単純《たんじゅん》な、うっかりミスじゃないのか？

確認《かくにん》するときの指先《ゆびさき》がわずかにふるえているのは、寒《さむ》さのせいじゃない。なにが起《お》こっているのかわからない不安《ふあん》のせいだ。このままでは、「今日《きょう》も順調《じゅんちょう》です。」のひとことが、書《か》けなくなってしまう。

配線《はいせん》をひとつずつ確認《かくにん》するものの、すべてきちんとつながっている。クルマの外《そと》では、スタッフたちが、心配《しんぱい》そうな顔《かお》をしてこちらを見《み》つめている。

やはり、だめなのか。

マイナス四十度《ど》では、燃料電池《ねんりょうでんち》のなかにある水《みず》は凍《こお》ってしまうのか。

自分《じぶん》たちの開発《かいはつ》は、まだゴールにたどりつけないのか。

日本《にっぽん》にいるハカセたちのがっかりする表情《ひょうじょう》が、ちらちらと頭《あたま》のなかに浮《う》かんでくる。

氷川《ひかわ》は、燃料電池《ねんりょうでんち》につけられた計測器《けいそくき》を見《み》た。

「あれ？」

計測器《けいそくき》は、異常《いじょう》がないことを示《しめ》していた。

異常《いじょう》がない？

ちょっとまて。燃料電池《ねんりょうでんち》のなかの水《みず》は、凍《こお》っていないということか？

スピードメータが動《うご》かない原因《げんいん》は、燃料電池《ねんりょうでんち》じゃない。べつの場所《ばしょ》だ！

氷川《ひかわ》はあわてて、ほかの機械《きかい》を調《しら》べる。

「！」

冷却装置《れいきゃくそうち》にとりつけた計測器《けいそくき》が、異常《いじょう》が出《で》ていることを示《しめ》していた。

冷却装置《れいきゃくそうち》は、エンジンのあるクルマにもついている。エンジンを冷《ひ》やすためだ。燃料電《ねんりょうでん》池《ち》自動車《じどうしゃ》の場合《ばあい》は、燃料電池《ねんりょうでんち》を冷《ひ》やすためにある。

燃料電池《ねんりょうでんち》は、なかの水《みず》を凍《こお》らせるほど冷《つめ》たくなってはいけないが、熱《あつ》くなりすぎてもいけないのだ。

氷川《ひかわ》が、クルマを降《お》りてFCHV《エフシーエイチブイ》の前《まえ》にまわりこむ。まわりにいたスタッフたちが、小《こ》走《ばし》りにかけよってきた。

前《まえ》にあるカバーをあける。のぞきこむようにして、冷却装置《れいきゃくそうち》を見《み》る。

なかにある、冷却水《れいきゃくすい》が凍《こお》っていた。

冷却水《れいきゃくすい》は水《みず》ではなく、不凍液《ふとうえき》という凍《こお》りにくい液体《えきたい》をまぜてある。マイナス四十度《ど》でも、凍《こお》らない濃《こ》さにしてあるはずなのに。

「冷却装置《れいきゃくそうち》か！」

スタッフたちの肩《かた》から力《ちから》がぬけ、みんな、笑顔《えがお》を見《み》せた。

冷却装置《れいきゃくそうち》を動《うご》くようにして、ふたたびキーをひねる。たくさんのランプは、なにごともなかったかのようについた。

マイナス四十度《ど》でも、凍《こお》っていなかった！

きれいについているランプを見《み》ながら、氷川《ひかわ》は感激《かんげき》して泣《な》きそうになる。しかし、ここでは涙《なみだ》も凍《こお》ることを思《おも》いだして、あわててこらえた。

これでまた「今日《きょう》も順調《じゅんちょう》です。」と書《か》ける。いや、「今日《きょう》は絶好調《ぜっこうちょう》です。」と書《か》こう。

氷川《ひかわ》は、それを読《よ》んだときのハカセたちの顔《かお》を想像《そうぞう》して、うれしくなった。

テストはその後《ご》も、トナカイが遠《とお》くからのぞいているような寒《さむ》いところで、何度《なんど》もおこなったけれど、結果《けっか》はすべて「順調《じゅんちょう》です。」だ。

マイナス四十度《ど》でも、燃料電池《ねんりょうでんち》のなかの水《みず》を凍《こお》らせずに、すぐに再始動《さいしどう》できる技術《ぎじゅつ》が完成《かんせい》した。

燃料電池《ねんりょうでんち》の、根本的《こんぽんてき》な問題《もんだい》を解決《かいけつ》したのである。

燃料電池自動車《ねんりょうでんちじどうしゃ》への挑戦《ちょうせん》は、富士山《ふじさん》の半分《はんぶん》。五合《ごう》めまで登《のぼ》ってくることができた。

6 宣《せん》言《げん》

このまま開発《かいはつ》を進《すす》めていけば、かならず燃料電池自動車《ねんりょうでんちじどうしゃ》を販売《はんばい》することができる。

トヨタの社内《しゃない》では、たしかな手《て》ごたえを感《かん》じて製品企画本部《せいひんきかくほんぶ》が動《うご》きはじめた。製品企画《せいひんきかく》本部《ほんぶ》は、一台《だい》のクルマを企画《きかく》して、開発《かいはつ》する技術者《ぎじゅつしゃ》たちをまとめていくところである。

そのなかに、燃料電池自動車《ねんりょうでんちじどうしゃ》の小《ちい》さなチームができたのだ。

メンバーが、思《おも》いえがく燃料電池自動車《ねんりょうでんちじどうしゃ》の、イメージやアイディアを出《だ》していく。

水素《すいそ》。新《あたら》しさ。静《しず》けさ。上質《じょうしつ》。エンジンがない。高級《こうきゅう》。親《した》しみやすさ。水《みず》。

水《みず》、というキーワードから、さらに話《はなし》がふくらんでいく。

「発電《はつでん》したときに出《で》る水《みず》、なにかに使《つか》えないかな。」

「やっかいものを逆《ぎゃく》に利用《りよう》する。いい案《あん》だな。」

「クルマのなかに、蛇口《じゃぐち》をつけて、ひねったら出《で》るってどう？」

「おおー！」

「それ、いい。おしぼりがつくれる！」

遊《あそ》んでいるようにしかきこえないが、彼《かれ》らは真剣《しんけん》だった。

新《あたら》しいクルマをつくるのだ。いままでやったことのないことが、できるかもしれない。

メンバーの頭《あたま》のなかに、クルマのなかで蛇口《じゃぐち》をひねって水《みず》を出《だ》している図《ず》が浮《う》かび、話《はなし》がどんどんふくらんでいく。

「ちょっと待《ま》て。」

ひとりがふと、われに返《かえ》る。

「蛇口《じゃぐち》とか、いってる場合《ばあい》じゃないぞ。」

「そうだ。まず、いいクルマをつくる！」

そうだった。

どういうクルマにするかを決《き》めなければ。

「オフロードタイプなら背《せ》が高《たか》くて、燃料電池《ねんりょうでんち》を床下《ゆかした》に入《い》れても十分《じゅうぶん》、余裕《よゆう》がある。実験《じっけん》車《しゃ》のＦＣＨＶ《エフシーエイチブイ》のように。」

「背《せ》が高《たか》くて大《おお》きなクルマは、運転《うんてん》が苦手《にがて》な人《ひと》はのりにくいぞ。」

「スポーツカーは、どうだ？」

「かっこいいものができる。」

かっこよさは大切《たいせつ》である。いくら世界初《せかいはつ》の燃料電池《ねんりょうでんち》自動車《じどうしゃ》でも、かっこ悪《わる》いクルマになんてだれものりたくない。

「でも、スポーツカーだと、燃料電池《ねんりょうでんち》が床下《ゆかした》に入《はい》らないんじゃないか？」

大《おお》きすぎず、のりやすいサイズ。男性《だんせい》にも女性《じょせい》にも、にあうクルマ。街《まち》でも高速道路《こうそくどうろ》でも、気持《きも》ちよく走《はし》れるクルマがいい。

世界初《せかいはつ》の燃料電池《ねんりょうでんち》自動車《じどうしゃ》は、たくさんの人《ひと》にのってもらいたい。いろんな人《ひと》がのれるクルマにする。それが、最初《さいしょ》に決《き》めたことだった。

「となると、『プリウス』のような乗用車《じょうようしゃ》タイプか！」

全員《ぜんいん》が、うなずいた。

二〇一一年《ねん》十一月《がつ》、東京《とうきょう》モーターショー。

トヨタは、ショーの目玉《めだま》として、さらに改良《かいりょう》された燃料電池《ねんりょうでんち》をのせた、『FCV《エフシーブイ》－R《アール》』を発表《はっぴょう》した。

デザインは、トヨタ・プリウスのような乗用車《じょうようしゃ》タイプ。

燃料電池《ねんりょうでんち》の性能《せいのう》があがり、最初《さいしょ》のころにくらべて四分《ぶん》の一までに小《ちい》さくできたからこそ、乗用車《じょうようしゃ》タイプにのせられるのだ。燃料電池《ねんりょうでんち》は、運転席《うんてんせき》の足元《あしもと》あたりの床下《ゆかした》に収《おさ》まるようになっている。

記者発表《きしゃはっぴょう》のステージで、社長《しゃちょう》は高《たか》らかに発表《はっぴょう》した。

「四年後《ねんご》、二〇一五年《ねん》にトヨタは、燃料電池自動車《ねんりょうでんちじどうしゃ》を販売《はんばい》します。」

会場《かいじょう》がどよめいた。

ほかの自動車会社《じどうしゃがいしゃ》も、燃料電池自動車《ねんりょうでんちじどうしゃ》の実験車《じっけんしゃ》をつくっている。けれど、まだどこも開《かい》発《はつ》のとちゅうで、販売《はんばい》なんて夢《ゆめ》のような状態《じょうたい》だ。

トヨタも、開発《かいはつ》の真《ま》っ最中《さいちゅう》であることに変《か》わりはない。けれど、あと四年《ねん》で完成《かんせい》させると宣言《せんげん》したのである。

世界初《せかいはつ》、燃料電池自動車《ねんりょうでんちじどうしゃ》の販売《はんばい》に向《む》けて、カウントダウンがはじまった。

2

世《せ》界《かい》初《はつ》への挑《ちょう》戦《せん》

販売《はんばい》するクルマは、いままでの実験車《じっけんしゃ》とはまったくちがいます。燃料電池《ねんりょうでんち》の性能《せいのう》だけでなく、クルマのデザイン、インテリア、乗《の》り心地《ごこち》など、すべてにおいて、のる人《ひと》によろこんでもらえる商品《しょうひん》にしなければいけません。

決《き》めることも、やることもたくさんあります。

一台《いちだい》のクルマをつくるためには、多《おお》くの技術者《ぎじゅつしゃ》たちの力《ちから》が必要《ひつよう》です。彼《かれ》らをまとめる、製品企画本部《せいひんきかくほんぶ》が、本格的《ほんかくてき》に動《うご》きはじめました。

1 リーダー

製品企画本部《せいひんきかくほんぶ》の久留間大介《くるまだいすけ》は、東京《とうきょう》モーターショーの会場《かいじょう》で、世界《せかい》じゅうが注目《ちゅうもく》するF《エフ》CV《シーブイ》－R《アール》を見《み》つめていた。

「これから、水素《すいそ》の時代《じだい》がくる。」

そう、確信《かくしん》していた。

モーターショーの翌月《よくげつ》、社員《しゃいん》が集《あつ》まった、ある食事会《しょくじかい》のときだった。

久留間《くるま》がトイレから出《で》てくると、常務《じょうむ》がやってきた。常務《じょうむ》は久留間《くるま》のあこがれの存在《そんざい》である。長身《ちょうしん》、イケメン、性格《せいかく》は温厚《おんこう》で笑顔《えがお》をたやさず仲間思《なかまおも》い。もちろん、仕事《しごと》はできる。

以前《いぜん》は製品企画本部《せいひんきかくほんぶ》にいて、久留間《くるま》の上司《じょうし》だった人《ひと》だ。

いまでは、製品企画本部《せいひんきかくほんぶ》で、クルマの総責任者《そうせきにんしゃ》であるリーダーをまかされるようになった久留間《くるま》だが、いつも、この常務《じょうむ》のようなリーダーでありたいと思《おも》っている。

長身《ちょうしん》とイケメンは、どうにもならないけれど、仕事《しごと》ぶりと体型《たいけい》は努力《どりょく》すればおなじようにできるはず。そう信《しん》じている久留間《くるま》は、常務《じょうむ》が昼休《ひるやす》みに研究所《けんきゅうじょ》のまわりをランニングしていることを知《し》り、おなじように毎日《まいにち》、走《はし》っている。

常務《じょうむ》は、久留間《くるま》と目《め》が合《あ》うと、ふと思《おも》いだしたように話《はな》しかけてきた。

「あのさ、ちょっといい？　次《つぎ》の仕事《しごと》なんだけどさ。」

「こっ、ここで、ですか？」

いくらなんでも、トイレの前《まえ》はないのでは。久留間《くるま》は、そう思《おも》ったものの、

「だって、おたがい忙《いそが》しいじゃん。おれ、明日《あす》から海外出張《かいがいしゅっちょう》だし。」

たしかに、常務《じょうむ》は忙《いそが》しい。自慢《じまん》ではないが、久留間《くるま》もあちこち出張《しゅっちょう》がつづいている。次《つぎ》はいつ会《あ》えるかわからなかった。

「そりゃ、そうですね。」

久留間《くるま》は、常務《じょうむ》の顔《かお》を見《み》る。

次《つぎ》はどんな仕事《しごと》だろう。もしかして、べつの部署《ぶしょ》に異動《いどう》になるのでは。そう思《おも》っていると、常務《じょうむ》はまるで、「お茶《ちゃ》、買《か》ってきて。」というような自然《しぜん》な口調《くちょう》で、とんでもないことを告《つ》げた。

「燃料電池自動車《ねんりょうでんちじどうしゃ》のリーダー、やって。」

「はっ？」

久留間《くるま》はかたまった。突然《とつぜん》の展開《てんかい》に、次《つぎ》の言葉《ことば》が出《で》てこない。

東京《とうきょう》モーターショーで社長《しゃちょう》が発表《はっぴょう》してからというもの、製品企画本部《せいひんきかくほんぶ》、いや、トヨタじゅう、だれがリーダーになるのか気《き》にしていたところだ。

その白羽《しらは》の矢《や》が、まさか自分《じぶん》に、それも、トイレの前《まえ》で立《た》つとは。

食事会《しょくじかい》の浮《う》かれた気持《きも》ちが、一気《いっき》にふきとんだ。

しかし、尊敬《そんけい》する常務《じょうむ》にいわれて久留間《くるま》は、うれしさがこみあげてきた。

「はい！」

そう答《こた》えると常務《じょうむ》は、

「うん。じゃ、よろしくね。」

と、いってトイレのなかに入《はい》っていった。

トイレの前《まえ》に、とりのこされる久留間《くるま》。

急《きゅう》に、現実《げんじつ》がおそってきた。とんでもないことになった。責任《せきにん》の重大《じゅうだい》さがのしかかってくる。

これまで二十年《ねん》ちかくにわたって、多《おお》くの人《ひと》が人生《じんせい》をかけて開発《かいはつ》してきた燃料電池自《ねんりょうでんちじ》動車《どうしゃ》だ。一般《いっぱん》の人《ひと》が自由《じゆう》に運転《うんてん》する日《ひ》を夢見《ゆめみ》ながらも、定年退職《ていねんたいしょく》の日《ひ》をむかえ、会社《かいしゃ》からはなれた人《ひと》だっている。

たくさんの人《ひと》の思《おも》いがこもった燃料電池自動車《ねんりょうでんちじどうしゃ》が、いよいよ、世《よ》の中《なか》に出《で》ようとしている。ずっとつながれてきたリレーのバトンを、いま、自分《じぶん》は受《う》けとったのだ。

大変《たいへん》なことになった。

二週間後《しゅうかんご》には、二〇一二年《ねん》になる。社長《しゃちょう》が宣言《せんげん》した発売《はつばい》は、二〇一五年《ねん》。まる四年《ねん》をきっている。クルマを一台《だい》、開発《かいはつ》して仕上《しあ》げるにはぎりぎりの時間《じかん》だ。しかも、初《はじ》めての燃料電池自動車《ねんりょうでんちじどうしゃ》。どんなことが起《お》こるか、予想《よそう》すらつかない。

ゴールまで、死《し》ぬ気《き》で駆《か》けぬける。久留間《くるま》は決意《けつい》した。

2 どんなクルマにする？

二〇一二年《ねん》が明《あ》けた。

製品企画本部《せいひんきかくほんぶ》のなかに、久留間《くるま》をリーダーとする燃料電池自動車《ねんりょうでんちじどうしゃ》チームが本格的《ほんかくてき》につくられた。

チーム名《めい》は『Z《ゼット》』。

ほんとうなら、燃料電池自動車《ねんりょうでんちじどうしゃ》チームと呼《よ》びたいところだが、それではトヨタ以外《いがい》の人《ひと》がきいたときに、『この人《ひと》が、燃料電池自動車《ねんりょうでんちじどうしゃ》を開発《かいはつ》している。』と、ばれてしまう。新《あたら》しいクルマを開発《かいはつ》するときは、記号《きごう》で呼《よ》ぶことになっていた。

Z《ゼット》チームの最初《さいしょ》の仕事《しごと》は、どんなクルマにするかを決《き》めることだ。

すでに、乗用車《じょうようしゃ》タイプにすることは決《き》まっている。問題《もんだい》は、その先《さき》だ。どんな乗用車《じょうようしゃ》にするのか。大《おお》きな高級車《こうきゅうしゃ》か。小《ちい》さなクルマか。同《おな》じ乗用車《じょうようしゃ》タイプといっても、大《おお》きさもデザインもさまざまだ。

世界初《せかいはつ》の燃料電池自動車《ねんりょうでんちじどうしゃ》は、どうあるべきか。

どんな人《ひと》にのってもらいたいのか。

どんなデザインが、好《この》まれるのか。

どのくらいの大《おお》きさにするのか。

発売《はつばい》するのは、いまから三年以上先《ねんいじょうさき》だ。そのとき、人《ひと》はなにに興味《きょうみ》をもち、どんなものがはやっているのか。

さまざまな情報《じょうほう》を集《あつ》めていく。

「これから水素《すいそ》の時代《じだい》がくる。世界初《せかいはつ》の燃料電池自動車《ねんりょうでんちじどうしゃ》にふさわしいクルマにしたい。」

久留間《くるま》が、燃料電池《ねんりょうでんち》チームに呼《よ》びかけ、話《はな》しあいがくりかえされる。

そして、意見《いけん》がまとまった。

「だれもが運転《うんてん》しやすい大《おお》きさ。ひとめで燃料電池自動車《ねんりょうでんちじどうしゃ》だとわかる、美《うつく》しい4《フォー》ドア・セダンをつくろう！」

Z《ゼット》チームの提案《ていあん》は、役員会議《やくいんかいぎ》にかけられ、最終決定者《さいしゅうけっていしゃ》である社長《しゃちょう》の了解《りょうかい》をもらう。

企画《きかく》は、動《うご》きはじめた。

3 デザインを決《き》める

デザインチームのリーダーになったのは、絵野本優《えのもとまさる》。通称《つうしょう》、画伯《がはく》。

これまでに、何台《なんだい》ものクルマをまかされてきたベテランである。

デザインというと、好《す》きな形《かたち》を自由《じゆう》に描《か》いていると思《おも》われがちだが、クルマの場合《ばあい》はそうはいかない。

人《ひと》がのったとき、頭《あたま》が天井《てんじょう》につかないよう屋根《やね》を高《たか》くしたり、荷物《にもつ》をたくさん積《つ》みたいクルマなら、荷物《にもつ》が入《はい》るようにデザインしなければならない。

それにクルマは、安全《あんぜん》に走《はし》れるように、法律《ほうりつ》で決《き》められていることもたくさんある。

また、工場《こうじょう》でのつくりやすさも考《かんが》えなければならない。とにかくクルマには、たくさんの条件《じょうけん》があるのだ。

画伯《がはく》は、条件《じょうけん》があるからこそデザインはおもしろいと思《おも》っている。使《つか》うものをデザインする、工業《こうぎょう》デザイナーになった理由《りゆう》はそこにある。

クルマは道具《どうぐ》だ。見《み》て楽《たの》しむだけの芸術作品《げいじゅつさくひん》とは、まったくちがう。

スポーツカーを、より速《はや》く走《はし》れそうに見《み》せたり、スイッチを、めだたせたり押《お》しやすい形《かたち》にしたり。デザイナーが描《か》くすべての形《かたち》には、全部意味《ぜんぶいみ》があり理由《りゆう》がある。

画伯《がはく》が、Z《ゼット》チームの考《かんが》えをきく最初《さいしょ》の日《ひ》がきた。Z《ゼット》チームの会議室《かいぎしつ》にある楕円形《だえんけい》の白《しろ》い机《つくえ》を、かこむようにして座《すわ》る。

Z《ゼット》チームのリーダー、久留間《くるま》が、前《まえ》に立《た》って説明《せつめい》をはじめる。

「4《フォー》ドア・セダンでいきます。」

画伯《がはく》はうなずいた。そしてたずねる。

「サイズは、どのくらいですか？」

サイズとは、クルマの長《なが》さ、横幅《よこはば》、高《たか》さのこと。このスリーサイズは、クルマをデザインするときにとても大切《たいせつ》なのだ。

画伯《がはく》の質問《しつもん》に、Z《ゼット》チームの田頼公平《たよりこうへい》が、手元《てもと》の資料《しりょう》を見《み》ながら答《こた》える。

田頼《たより》は、久留間《くるま》が信頼《しんらい》する部下《ぶか》だ。人《ひと》づきあいがうまく、年上《としうえ》の技術者《ぎじゅつしゃ》たちに、やたらかわいがられる。若《わか》い技術者《ぎじゅつしゃ》たちともすぐに仲良《なかよ》くなれる、人《ひと》なつっこい性格《せいかく》の持《も》ち主《ぬし》だ。

技術《ぎじゅつ》、とくに燃料電池《ねんりょうでんち》にくわしく、久留間《くるま》の右腕《みぎうで》ともいえる存在《そんざい》である。

Z《ゼット》チームではそのまま、ミギウデと呼《よ》ばれている。

「クルマの長《なが》さは、四八九〇ミリ。」

画伯《がはく》は、ミギウデの説明《せつめい》をききながらメモをとる。クルマは大《おお》きな乗《の》りものだが、ミリ単位《たんい》でサイズが決《き》められている。一ミリちがうと、いろんなことがちがってくるほど精密《せいみつ》な乗《の》りものなのだ。

「横幅《よこはば》は、一八一五ミリ。そして、高《たか》さは一五一〇ミリです。」

画伯《がはく》のペンがとまる。

「ちょっと待《ま》って。なんなの、その高《たか》さ一五一〇ミリって。」

画伯《がはく》が、びっくりしてミギウデに質問《しつもん》をする。

クルマにはそれぞれ、ちょうどいい高《たか》さというものがある。スポーツカーなら、背《せ》は低《ひく》く。人《ひと》がたくさんのるミニバンなら、背《せ》を高《たか》くしてクルマのなかを広《ひろ》くする。

一五一〇ミリは、セダンにしては、高《たか》すぎる。これでは、すらりとしたスタイルのよさが表現《ひょうげん》できない。

「そんな背《せ》の高《たか》いセダンなんて、むりですよ。せめて、あと三十ミリ、下《さ》げられませんか？」

画伯《がはく》は、総責任者《そうせきにんしゃ》である久留間《くるま》にたずねるが、久留間《くるま》は、もうしわけなさそうに答《こた》えた。

「ダメなんだよ。燃料電池《ねんりょうでんち》の大《おお》きさを変《か》えられないので。」

クルマの背《せ》の高《たか》さは、床《ゆか》の高《たか》さで決《き》まる。

床《ゆか》の上《うえ》に運転席《うんてんせき》のシートを置《お》いたら、腰《こし》の位置《いち》が決《き》まる。腰《こし》の位置《いち》が決《き》まれば、そのまま頭《あたま》の位置《いち》が決《き》まり、天井《てんじょう》の高《たか》さが決《き》まる。

画伯《がはく》がいうように高《たか》さを三十ミリ下《さ》げれば、デザインを大《おお》きく変《か》えられる。けれど、たったその三十ミリといえども、床《ゆか》の位置《いち》を下《さ》げることができなかった。

床《ゆか》の下《した》に入《い》れる燃料電池《ねんりょうでんち》は、もうこれ以上《いじょう》、小《ちい》さくできないのだ。

「じゃあ、もっと長《なが》さと横幅《よこはば》をのばしてください。そうじゃないと、バランスが悪《わる》すぎる。」

画伯《がはく》が、提案《ていあん》する。

「それはだめだ。クラウンより大《おお》きくなる。」

久留間《くるま》が、首《くび》を横《よこ》にふった。クラウンは、トヨタの最高級《さいこうきゅう》セダンだ。

燃料電池自動車《ねんりょうでんちじどうしゃ》は、あまり大《おお》きくしたくない。いろんな人《ひと》にのってもらいたいのだ。

「じゃあ、どうするんです？」

画伯《がはく》が、たずねるものの、どうしようもない。これで、やるしかないのだ。画伯《がはく》は、腹《はら》をくくったようにいった。

「わかりました。でも、スポーツカーのような、ものすごくかっこいいデザインは、むりですからね。」

画伯《がはく》だって、かっこ悪《わる》いデザインなど描《か》きたくない。いまの条件《じょうけん》でやり方《かた》を考《かんが》えるしかなかった。

久留間《くるま》が、机《つくえ》をはさんで画伯《がはく》の向《む》かいに座《すわ》った。

「燃料電池自動車《ねんりょうでんちじどうしゃ》だと、すぐにわかるようなもの。水素《すいそ》で走《はし》る新《あたら》しい時代《じだい》がきたというものを表現《ひょうげん》してもらいたい。」

久留間《くるま》の言葉《ことば》をきいて、画伯《がはく》がうなずいていう。

「奇抜《きばつ》なクルマではなく、燃料電池自動車《ねんりょうでんちじどうしゃ》の新《あたら》しい価値《かち》がひとめでわかるようなデザインにしていきましょう。」

久留間《くるま》たちが、期待《きたい》のこもった視線《しせん》で画伯《がはく》を見《み》つめる。

「知恵《ちえ》をカタチに。」

デザインのコンセプトが決《き》まった。


画伯《がはく》は、デザイン部《ぶ》にもどる。

デザイン部《ぶ》は、ほかの技術者《ぎじゅつしゃ》がいるところとは、雰囲気《ふんいき》がまったくちがう。明《あか》るくてきれいで、雑誌《ざっし》で紹介《しょうかい》されるモデルルームのようだ。

部屋《へや》には机《つくえ》がずらりとならび、その上《うえ》に一台《だい》ずつコンピュータが置《お》かれている。

画伯《がはく》は自分《じぶん》の席《せき》につくと、コンピュータを使《つか》ってさっそくスケッチにとりかかった。

知恵《ちえ》をカタチに。

燃料電池《ねんりょうでんち》ならではの性能《せいのう》を、デザインで表現《ひょうげん》していく。

クルマの顔《かお》である真正面《ましょうめん》は、酸素《さんそ》をすいこむ開口部《かいこうぶ》を、わざと目立《めだ》たせて迫力《はくりょく》のあるものに。

後《うし》ろのデザインは、水《みず》のイメージ。燃料電池《ねんりょうでんち》チームにとっては、苦戦《くせん》した水《みず》だが、そのピンチをデザインではチャンスに変《か》えて、カヌーのなめらかな舟底《ふなぞこ》を表現《ひょうげん》する。

そして、問題《もんだい》の背《せ》の高《たか》さ。これをどうするか。

デザイナーの技《わざ》で、すこしでも低《ひく》くきれいな形《かたち》に見《み》えるようにしたい。

クルマの横《よこ》に一直線《いっちょくせん》に、細《ほそ》く黒《くろ》いラインを入《い》れる。窓《まど》わくや屋根《やね》の色《いろ》を黒《くろ》にする。黒《くろ》い色《いろ》を上手《じょうず》に使《つか》うことで、背《せ》の高《たか》さを強調《きょうちょう》しないようにするのだ。

画伯《がはく》は、ひとつひとつ、カタチの意味《いみ》を考《かんが》えながら、何枚《なんまい》もスケッチを描《か》いていった。


「燃料電池《ねんりょうでんち》の大《おお》きさは、どうにもならない。」

画伯《がはく》にはそう伝《つた》えた久留間《くるま》たちだが、やはり背《せ》の高《たか》さは気《き》になっていた。翌日《よくじつ》、ミギウデは、燃料電池《ねんりょうでんち》チームのハカセに会《あ》いにいった。

「燃料電池《ねんりょうでんち》を、ちょっとだけ小《ちい》さくできませんか。」

「むりですよ、もう限界《げんかい》です。」

ハカセは、あわてて首《くび》を横《よこ》にふる。

「そこをなんとか。せめて一ミリだけでも。」

ミギウデが、たのみこむ。

「もうこれ以上《いじょう》は……。」

「じゃあ、燃料電池《ねんりょうでんち》を入《い》れている箱《はこ》はどうですか？」

「箱《はこ》？」

クルマがぶつかっても燃料電池《ねんりょうでんち》がこわれないよう、燃料電池《ねんりょうでんち》は、大切《たいせつ》なお姫《ひめ》さまを守《まも》るようにじょうぶな箱《はこ》に入《はい》っている。この箱《はこ》のつくり方《かた》や材料《ざいりょう》を考《かんが》えれば、もうすこし小《ちい》さくできるのではないか。ミギウデたちは、そう考《かんが》えたのである。

ハカセは、顔《かお》をしかめた。

「どこまで箱《はこ》を小《ちい》さくしていいのか、わからないんですよ。」

いままでだれもつくったことがない燃料電池自動車《ねんりょうでんちじどうしゃ》は、箱《はこ》の大《おお》きさはこのくらいにすれば安全《あんぜん》という情報《じょうほう》など、どこにもないのだ。

世界初《せかいはつ》の燃料電池自動車《ねんりょうでんちじどうしゃ》はすべて、自分《じぶん》たちで考《かんが》え、実験《じっけん》してたしかめなければならない。

しかも、たしかめたもので、ほんとうにいいかどうかは、だれも証明《しょうめい》できないのだ。不安《ふあん》だらけである。

すこしでも安全《あんぜん》であるようにと、箱《はこ》はできるだけ大《おお》きくしておきたかった。

ハカセは、じっとだまったまま困《こま》った顔《かお》をしている。

しかし、ここで引《ひ》きさがっては、Z《ゼット》チームがいる意味《いみ》がない。いかに技術者《ぎじゅつしゃ》のやる気《き》を出《だ》していいクルマをつくってもらうかが、まとめ役《やく》であるZ《ゼット》チームの腕《うで》の見《み》せどころなのだ。

「ハカセ。ぼくたちが、基準《きじゅん》をつくるんです。これから、ほかの自動車会社《じどうしゃがいしゃ》も燃料電池自動車《ねんりょうでんちじどうしゃ》をつくるでしょう。だけど、これから何十年《なんじゅうねん》、何百年《なんびゃくねん》たっても、いまつくっているこの世界初《せかいはつ》のクルマがすべての基準《きじゅん》になるんですよ。」

自分《じぶん》たちが、基準《きじゅん》をつくる。

世界初《せかいはつ》という言葉《ことば》ほど、技術者《ぎじゅつしゃ》の心《こころ》をくすぐるものはない。

ハカセの気持《きも》ちが動《うご》いたのを、ミギウデはみのがさなかった。そして、たたみかけた。

「世界初《せかいはつ》の燃料電池《ねんりょうでんち》自動車《じどうしゃ》ですから、かっこいいといってもらいたいですよね。」

「そりゃそうです。」

ハカセは、当然《とうぜん》だとばかりにうなずく。

「背《せ》が低《ひく》いクルマのほうが、かっこいいですよね。」

「ええ、そりゃまあ……。」

じーっ。

ミギウデが、ハカセの顔《かお》を見《み》つめる。

ハカセが、決心《けっしん》したようにいった。

「わかりました、やってみます。」

「よろしくお願《ねが》いします！」


ところが、三か月間《げつかん》のハカセたちのがんばりもむなしく、安全《あんぜん》のことを考《かんが》えると、ぎゃくにもっと箱《はこ》を大《おお》きくしなければならないことがわかった。

「そうなんだ……。」

「やっぱり、オフロードタイプのクルマにしておけばよかったかなあ。」

知《し》らされたZ《ゼット》チームでは、そんな弱音《よわね》も出《で》る。

結局《けっきょく》、一五一〇ミリよりも、さらに二十五ミリも高《たか》くしなければならなくなった。三十ミリで、あれだけもめたのだ。画伯《がはく》はなんというだろう。

ミギウデが、おそるおそる、アイディア・スケッチづくり真《ま》っ最中《さいちゅう》の画伯《がはく》のところにいく。

「あのう、ご相談《そうだん》が。」

「なに？」

ただでさえ、無理難題《むりなんだい》を押《お》しつけられている画伯《がはく》である。ミギウデは、画伯《がはく》の声《こえ》が不機《ふき》嫌《げん》なことに気《き》がつかないふりをして用件《ようけん》を伝《つた》えた。

「高《たか》さをあと、二十五ミリ、あげてもらえないでしょうか。」

ぷちっ。

ミギウデには、なにかが切《き》れた音《おと》がきこえた（ような気《き》がした）。

そのとたん、デザイン部《ぶ》の部屋《へや》にどなり声《ごえ》がひびいた。

「ふざけんなあ！　そんなことしたら、ぜんぜんちがうデザインになるだろう！」

やっぱり。

最初《さいしょ》の会議《かいぎ》から三か月《げつ》。デザインチームは、リーダーの画伯《がはく》のもとで、アイディア・スケッチを仕上《しあ》げはじめていた。それをいまになって、しかも、さらに二十五ミリも高《たか》いものを描《か》いてくれというのはむりだったか。

「だいたいさ、約束《やくそく》やぶっちゃだめだろう。最初《さいしょ》に、一五一〇ミリって決《き》めたよね？　それでつくろうって決《き》めたよね？　デザインチームは、ずっとこの高《たか》さでやってきたんだぞ。デザインを、あまく見《み》ていないか？」

はい、そのとおりです。たった二十五ミリ、指《ゆび》二本分《ほんぶん》くらいじゃないかと思《おも》った自分《じぶん》が、あまかった。

けれど、燃料電池《ねんりょうでんち》を守《まも》るため、安全《あんぜん》のためなのだ。ここは、画伯《がはく》になんとかしてもらうしかない。ミギウデは、必死《ひっし》に説明《せつめい》した。

「わかったよ。なんとかやってみる。」

画伯《がはく》も状況《じょうきょう》を理解《りかい》し、はじめの怒《いか》りも静《しず》まってきた（ように、ミギウデには見《み》えた）。

そして、最後《さいご》は前回《ぜんかい》とおなじように、こちらの希望《きぼう》を受《う》けいれてくれた。

一五三五ミリという、4《フォー》ドア・セダンとは思《おも》えない背《せ》の高《たか》さ。

あとはもう、画伯《がはく》たちの力《ちから》にたよるしかない。

一か月後《げつご》。役員《やくいん》が、デザインを確認《かくにん》する日《ひ》がきた。

広《ひろ》いデザイン用《よう》の会議室《かいぎしつ》には、教室《きょうしつ》のようにすべての椅子《いす》が前《まえ》を向《む》いてならべられている。いちばん前《まえ》の真《ま》ん中《なか》の席《せき》に、デザイン担当《たんとう》の役員《やくいん》が座《すわ》り、そのわきに営業担当《えいぎょうたんとう》、技術《ぎじゅつ》担当《たんとう》の役員《やくいん》などがずらりと座《すわ》る。二列《れつ》めから後《うし》ろに、関係者《かんけいしゃ》が座《すわ》った。

前方《ぜんぽう》には、大《おお》きなモニターが用意《ようい》された。デザインチームのメンバーが、それぞれ描《か》いたアイディア・スケッチがひとつずつ大《おお》きく映《うつ》しだされ、担当《たんとう》したデザイナーが説明《せつめい》していく。

役員《やくいん》たちの、するどい視線《しせん》がそそがれた。

画伯《がはく》の順番《じゅんばん》がきた。画伯《がはく》はデザインチームのリーダーだが、ここではひとりのデザイナーでもある。

画伯《がはく》が描《か》いた燃料電池自動車《ねんりょうでんちじどうしゃ》は、真正面《ましょうめん》のデザインが特徴的《とくちょうてき》な、みごとな4《フォー》ドア・セダンに仕上《しあ》げられていた。

気《き》にしていた背《せ》の高《たか》さも、色《いろ》を変《か》えたり、形《かたち》を工夫《くふう》したことで低《ひく》く見《み》える。

すべてのデザイナーの説明《せつめい》が終《お》わった。

アイディア・スケッチは、どれもすばらしいものばかりだ。けれど、やはり画伯《がはく》の描《か》いたものが、自分《じぶん》たちのイメージにいちばん合《あ》う。ミギウデは、そう感《かん》じていた。

このあと、Z《ゼット》チームが、デザインを選《えら》ぶときに注意《ちゅうい》してほしいポイントを伝《つた》える。

「久留間《くるま》さん、画伯《がはく》のアイディア・スケッチが選《えら》ばれるよう、うまくアピールしてくださいね！」

ミギウデたちが、念《ねん》を押《お》す。

「まかせておけ！」

久留間《くるま》が、説明《せつめい》をはじめた。

世界初《せかいはつ》の燃料電池《ねんりょうでんち》自動車《じどうしゃ》は、どういう人《ひと》に、どうのってもらいたいのか。なぜ、このサイズの4《フォー》ドア・セダンにしたのか。

さらに、工場《こうじょう》でつくるときのつくりやすさや、一台《だい》つくるためにどのくらいのお金《かね》がかかるのかも説明《せつめい》していく。デザインによって工場《こうじょう》での手間《てま》が変《か》わってくる。手間《てま》が増《ふ》えればお金《かね》もかかる。こうしたところも、大切《たいせつ》なのである。

ミギウデは、画伯《がはく》といっしょに後《うし》ろのほうの席《せき》で様子《ようす》を見《み》まもった。

画伯《がはく》には、ずいぶん叱《しか》られたけれど、それもすべて、世界初《せかいはつ》の燃料電池《ねんりょうでんち》自動車《じどうしゃ》にかける思《おも》いが強《つよ》いからだ。もちろん自分《じぶん》たちだっておなじだ。

久留間《くるま》の説明《せつめい》が終《お》わると、役員《やくいん》から質問《しつもん》が出《で》る。大《おお》きなモニターに、ふたたびアイディア・スケッチが映《うつ》しだされる。もうすこし、このあたりのボリュームを下《さ》げられないか。ここは、ほんとうに工場《こうじょう》でつくれるのかなど、質問《しつもん》は画伯《がはく》のアイディア・スケッチに集中《しゅうちゅう》していた。

役員《やくいん》たちの質問《しつもん》や意見《いけん》が出《で》つくしたところで、デザイン担当役員《たんとうやくいん》が立《た》ちあがる。そして、画伯《がはく》のアイディア・スケッチを見《み》つめていった。

「これで、いこう。」

ミギウデは思《おも》わず、となりの席《せき》に座《すわ》る画伯《がはく》に右手《みぎて》を差《さ》しだした。いつも冷静《れいせい》な画伯《がはく》が、にやりと笑《わら》ってにぎりかえしてきた。

燃料電池自動車《ねんりょうでんちじどうしゃ》のデザインのもととなるアイディア・スケッチが、ほぼ、決《き》まった。

このあとは、立体《りったい》にしていく作業《さぎょう》が進《すす》められる。

粘土《ねんど》で、ほんとうのクルマの四分《ぶん》の一の大《おお》きさのモデルをつくり、全体《ぜんたい》のバランスを確認《かくにん》する。つづいておなじ粘土《ねんど》を使《つか》って、実物大《じつぶつだい》のクルマをつくる。クレイモデルである。

長《なが》さ四八九〇ミリ。幅《はば》一八一五ミリ。高《たか》さ一五三五ミリ。大《おお》きなクレイモデルになると、かなり実感《じっかん》がわいてくる。

クレイモデルは、モデラーと呼《よ》ばれる人《ひと》がつくる。

粘土《ねんど》でできた表面《ひょうめん》に顔《かお》がくっつくほど近《ちか》づけて、一ミリにも満《み》たないちがいを見《み》ぬき、さまざまな種類《しゅるい》の道具《どうぐ》を使《つか》って削《けず》りだしていく。

アイディア・スケッチと、「ここをこんなふうに」と言葉《ことば》で伝《つた》えるだけでクレイモデルをつくっていく様子《ようす》は、彫刻家《ちょうこくか》のようだ。

こうしてつくられたクレイモデルは、デザインを確認《かくにん》するだけでなく、コンピュータで大《おお》きさをはかって、さまざまな実験用《じっけんよう》の模型《もけい》をつくるために使《つか》われる。

4 クルマのなかを、デザインする

インテリアのデザインも、はじまっていた。

インテリアは、画伯《がはく》のいるデザインチームとはべつの、インテリア専門《せんもん》のチームが担当《たんとう》する。クルマの外《そと》と中《なか》。それぞれがスペシャリストなのだ。

インテリアにも、クルマならではの条件《じょうけん》がある。

ハンドルは、運転《うんてん》する人《ひと》の両手《りょうて》がきちんととどく位置《いち》に。エアコンやオーディオのスイッチも、すぐにさわれるところがいい。

「知恵《ちえ》をカタチに。」

インテリアのデザインチームもまた、このコンセプトで取《と》りくんでいた。

「部品《ぶひん》につけられた名前《なまえ》が使《つか》えないくらい、自由《じゆう》な発想《はっそう》でアイディアを出《だ》してほしい。」

チームのリーダーである家具元広文《かぐもとひろふみ》は、デザイナーたちにそう伝《つた》えた。

センターパネル、ダッシュボード、コンソールボックス……。運転席《うんてんせき》のまわりには、いろいろな名前《なまえ》のついた部品《ぶひん》があり、それぞれに役割《やくわり》がある。

けれど、いままでの、『こう使《つか》うから、こうでなくてはいけない。』ではなく、ゼロから考《かんが》えていく。となりあった部品《ぶひん》が、ひとつになっているものだってかまわない。

ドアを開《あ》けた瞬間《しゅんかん》から、新《あたら》しい時代《じだい》をつくるクルマだと感《かん》じられるインテリアにしたい。

アイディア・スケッチができたら、立体《りったい》にする。

うすい発泡《はっぽう》スチロールの板《いた》や、スイッチの絵《え》などを使《つか》って、実物大《じつぶつだい》の模型《もけい》をつくり、スイッチや小物入《こものい》れが使《つか》いやすいかどうかをたしかめる。

運転《うんてん》しながらスイッチをさわるクルマでは、使《つか》いやすさは大切《たいせつ》なのだ。

模型《もけい》に修正《しゅうせい》を加《くわ》え、だいたいの位置《いち》や大《おお》きさが決《き》まったら、次《つぎ》は、粘土《ねんど》で実物大《じつぶつだい》のクレイモデルをつくっていく。

形《かたち》がととのったら色《いろ》をぬり、部品《ぶひん》をつけて本物《ほんもの》そっくりにする。

インテリアは、ゆるやかなカーブを描《えが》いた部品《ぶひん》がいくつも組《く》みあわされ、心地《ここち》いい空間《くうかん》に仕上《しあ》がった。

このままの形《かたち》で、工場《こうじょう》でつくってもらいたい。

ところが設計図《せっけいず》の担当者《たんとうしゃ》は、できあがったばかりのクレイモデルを見《み》て、ボーゼンと立《た》ちつくした。

「なんてことを!」

いままでのつくりかたでは、できないことだらけだ。

工場《こうじょう》では、決《き》められた時間《じかん》のなかで正確《せいかく》につくっていかなくてはならない。つくりにくいデザインや、一万回《まんかい》に一回《かい》でも、ミスが出《で》る複雑《ふくざつ》な形《かたち》はだめなのだ。

「だめですよ、こんなむずかしい形《かたち》は!」

設計図《せっけいず》の担当者《たんとうしゃ》が、頭《あたま》をかかえる。

正面《しょうめん》にあるウィンドウの窓《まど》わくが、左右《さゆう》からぐーっと下《した》のほうにまでまわりこんでいて、どう考《かんが》えてもかんたんにつくれそうにない。

「だけど、運転席《うんてんせき》にのりこんだときに、はっとさせたいんだよ。」

リーダーの家具元《かぐもと》が、くいさがる。

「わかりますけどね、でも、これはむりです。」

「ぜったいに、むり？」

「ぜったいに、むりです！」

「じゃあ……、ここをこうしたら、どうだろう？」

家具元《かぐもと》としても、むりといわれて、はい、そうですかとひきさがるわけにはいかない。

インテリアのデザインチームが切磋琢磨《せっさたくま》し、チームの総力《そうりょく》をあげて、すばらしいデザインができたのだ。なんとしてでも、挑戦《ちょうせん》したい。

ここからは、かけひきである。

「問題《もんだい》は、この部分《ぶぶん》だよね？」

「ここが、どうしてもむずかしいですねえ。」

「じゃ、今《いま》までとは逆《ぎゃく》に、こっちからつくったらどう？」

「うーん……それなら、できる、かも。」

「できるよね？」

「でき……いやいや、むりです！」

家具元《かぐもと》の熱心《ねっしん》な説明《せつめい》と提案《ていあん》に、うっかりできるといいそうになって、設計図《せっけいず》の担当者《たんとうしゃ》があわてて手《て》を横《よこ》にふる。しかし、家具元《かぐもと》もあきらめない。

「でも、ここをこうしたら、こっちの問題《もんだい》もいっしょに解決《かいけつ》するよね。どう？」

「……できますねえ。」

「やろうよ！」

「やっちゃいますか！」

交渉成立《こうしょうせいりつ》である。

燃料電池自動車《ねんりょうでんちじどうしゃ》。世界初《せかいはつ》のクルマを、世《よ》の中《なか》に送《おく》りだすのだ。全員《ぜんいん》が一〇〇パーセント、いや、一二〇パーセントの力《ちから》で取《と》りくまないと、いいものにならない。

みんな、そのことを感《かん》じていた。

ふだんではつくらないようなインテリア。

むずかしくて、つくるのが大変《たいへん》なデザインも、いまこそ挑戦《ちょうせん》しなくては。

「新《あたら》しい時代《じだい》をつくる、燃料電池自動車《ねんりょうでんちじどうしゃ》ですもんね、やっちゃいましょう！」

3

水《すい》素《そ》を逃《に》がすな!

最初《さいしょ》は水素吸蔵合金《すいそきゅうぞうごうきん》と呼《よ》ばれる、水素《すいそ》を運《はこ》べる特別《とくべつ》な金属《きんぞく》を研《けん》究《きゅう》したり、メタノールという水素《すいそ》をふくむ液体《えきたい》をタンクに入《い》れる方法《ほうほう》を考《かんが》えました。

でも、タンクに直接《ちょくせつ》、ぎゅっと圧縮《あっしゅく》した水素《すいそ》を入《い》れるほうが、たくさんの水素《すいそ》を運《はこ》べます。

タンクチームでは、安全《あんぜん》で高性能《こうせいのう》なタンクの開発《かいはつ》がはじまりました。

1 水素《すいそ》を入《い》れるタンクをつくる

「タンク、だよなあ。」

タンクチームの炭野久里吉《たんのくりきち》は、朝《あさ》、会社《かいしゃ》にくると、ぶつぶつとつぶやきながら机《つくえ》のわきにかばんを置《お》いた。そのまま、部屋《へや》のすみにある給湯室《きゅうとうしつ》にいき、自分《じぶん》のカップにコーヒーをそそぐ。

炭野《たんの》が机《つくえ》にもどり、コーヒーを飲《の》みおわるまでのあいだは話《はな》しかけてはいけない。だれかが決《き》めたわけではないが、それがタンクチームのお約束《やくそく》になっていた。炭野《たんの》にとって、コーヒータイムは大切《たいせつ》な頭《あたま》の準備体操《じゅんびたいそう》の時間《じかん》。うっかり話《はな》しかけて考《かんが》えを中断《ちゅうだん》させようものなら、大目玉《おおめだま》をくらうのである。

炭野《たんの》は、ずっとタンクのことを考《かんが》えている。

ぶつかってもこわれないタンク。安全《あんぜん》なタンク。

しかも、水素《すいそ》に強《つよ》い素材《そざい》でつくらなければならない。水素《すいそ》は、とても小《ち》さな粒《つぶ》でできているため、金属《きんぞく》などのなかに入《はい》りこんで問題《もんだい》を起《お》こすからだ。

水素《すいそ》の問題《もんだい》、その一。

金属《きんぞく》のなかに入《はい》りこんで、もろくしてしまう。せっかく硬《かた》い鉄《てつ》でタンクをつくっても、時間《じかん》がたつとこわれやすくなっている。

水素《すいそ》の問題《もんだい》、その二。

金属《きんぞく》のなかに入《はい》りこんで、そのまま通《とお》りぬけてしまう。タンクのなかに、水素《すいそ》をぱんぱんに入《い》れておいても、いつのまにかへっている。いざ、走《はし》ろうというときに、水素《すいそ》がなくなってしまう。

水素《すいそ》に強《つよ》い素材《そざい》をさがせ。

タンクチームの挑戦《ちょうせん》のはじまりである。

「タンクの内側《うちがわ》は、水素《すいそ》が問題《もんだい》を起《お》こさない素材《そざい》でつくり、外側《そとがわ》は、かんたんにこわれないようにする。内側《うちがわ》と外側《そとがわ》を、別々《べつべつ》に考《かんが》えよう。」

「まず、内側《うちがわ》ですね。」

「内側《うちがわ》に、なにかをぬって水素《すいそ》を逃《に》げないようにするとか？」

「なにをぬる？」

そのへんにあるペンキでは、水素《すいそ》がかんたんに通《とお》りぬけてしまう。

「いまある素材《そざい》では、だめなんだ。新《あたら》しい素材《そざい》をつくるしかないな。」

炭野《たんの》たちが調《しら》べて、いろいろと実験《じっけん》をしてみると、プラスチックにゴムをまぜるといいことがわかった。プラスチックなら軽《かる》い。しかも、タンクの形《かたち》につくりやすい。

しかし、プラスチックにもゴムにも、ものすごい種類《しゅるい》がある。どれと、どれをまぜればいいのか。どのくらいずつ、どうやってまぜればいいのか。

実験《じっけん》、実験《じっけん》、また実験《じっけん》。気《き》の遠《とお》くなるような作業《さぎょう》のくりかえしのすえ、水素《すいそ》が問題《もんだい》を起《お》こさない、特別《とくべつ》な素材《そざい》づくりに成功《せいこう》した。


次《つぎ》は、強《つよ》さである。

鉄《てつ》、アルミニウム、ステンレス。さまざまな種類《しゅるい》の金属《きんぞく》を考《かんが》えてみる。

しかし、クルマとクルマがぶつかってもこわれないほど強《つよ》いタンクをつくると、どれも、かなりぶあつくしなければならない。これではものすごく重《おも》くなってしまう。

「重《おも》いのは、だめ。ぜったいに、だめ。」

炭野《たんの》が、まゆを寄《よ》せながら、首《くび》を横《よこ》にふる。

「カーボンファイバーは、どうでしょうか。」

カーボンファイバーは、炭素《たんそ》でできた軽《かる》くてものすごく強《つよ》い糸《いと》のたばである。これをくみこんでつくったプラスチックは、飛行機《ひこうき》の翼《つばさ》などにも使《つか》われている。

ただ、飛行機《ひこうき》の翼《つばさ》とおなじプラスチックでは、タンクをしっかり守《まも》れない。

またまた実験《じっけん》をくりかえすうちに、カーボンファイバーに、プラスチックをしみこませてタンクに巻《ま》くといいことがわかった。

実験《じっけん》、実験《じっけん》、また実験《じっけん》をくりかえし、タンク専用《せんよう》のカーボンファイバーをつくった。

「これをタンクに、すきまがないように巻《ま》いてみよう。」

巻《ま》いたあとは、どのくらい強《つよ》くなったか、コンピュータで確認《かくにん》である。

「十回巻《かいま》いただけでは、まったくだめです。」

「巻《ま》いた上《うえ》から、もういちど巻《ま》いてみろ。」

「二十回巻《かいま》いても、こわれます。」

「三十回《かい》でも、だめです。」

「くそう。いっそ千回《せんかい》くらい、巻《ま》きたい。」

コンピュータの前《まえ》で、若《わか》い技術者《ぎじゅつしゃ》が思《おも》わずつぶやく。

「あほか。そんなに巻《ま》いたら、すごく太《ふと》くなって、クルマのなかに入《はい》らないだろう。」

炭野《たんの》が、ずれたメガネを右手《みぎて》でもどしながらいう。

できるだけ小《ちい》さく、できるだけ軽《かる》いタンクをつくりたい。

「もっとカーボンファイバーに工夫《くふう》をしてみろ。」

「巻《ま》き方《かた》も、変《か》えてみよう。」

新《あたら》しいカーボンファイバーができるたびに、さまざまな巻《ま》き方《かた》をためしながら、ひとつずつ実験《じっけん》していく。実験《じっけん》、実験《じっけん》、また実験《じっけん》である。

「新《あたら》しいカーボンファイバーができたぞ。」

「どうだ？」

「だめです。」

「うまくいきません！」

「カーボンファイバーをもっと、改良《かいりょう》できないのか？」

「やってみます！」

「巻《ま》き方《かた》にも、コツがあるかもしれないぞ。」

「ためしてみます！」

タンクチームの執念《しゅうねん》ともいえる開発《かいはつ》の結果《けっか》、カーボンファイバーをもっと改良《かいりょう》し、タテ巻《ま》きやナナメのクロス巻《ま》きなどをくみあわせて五十回巻《かいま》けば、タンクが目標《もくひょう》の強《つよ》さになることがわかった。

ただし、それはあくまでも、コンピュータのなかでのこと。ここからは、実際《じっさい》にテストで確認《かくにん》する。

2 テスト、テスト、テスト!

クルマで使《つか》っても、安全《あんぜん》かどうか。

炭野《たんの》たちは、テストのスケジュールをびっしりと組《く》んだ。

① 水素《すいそ》がもれないか調《しら》べるテスト

水素《すいそ》がもれないタンクはできたけれど、タンクには、水素《すいそ》の出入《でい》り口《ぐち》となる部品《ぶひん》をつけてある。自転車《じてんしゃ》のタイヤに、空気《くうき》を入《い》れる金属《きんぞく》の部品《ぶひん》があるようなものだ。

水素《すいそ》をすばやく出《だ》し入《い》れできるよう、炭野《たんの》たちの技術《ぎじゅつ》がつまった部品《ぶひん》である。

この部品《ぶひん》を、タンクにぴったりとつけないと、つけたところから水素《すいそ》がもれる。もれることにおいては、天才的《てんさいてき》な水素《すいそ》なのだ。接着剤《せっちゃくざい》でつけただけでは、かんたんにもれてしまう。

もれるとタンクが空《から》になるだけではない。クルマの床下《ゆかした》に、水素《すいそ》がたまって、もしそこに火《ひ》でもついたら爆発《ばくはつ》するかもしれないのだ。

もれているかどうかは、密閉《みっぺい》した部屋《へや》にタンクをとじこめて確認《かくにん》する。部屋《へや》のなかには計測器《けいそくき》が入《い》れてあり、水素《すいそ》がもれたらわかるようになっていた。

「あ、だめだ。」

「もれています。」

開始《かいし》してすぐに計測器《けいそくき》が、水素《すいそ》が出《で》てきたことを示《しめ》しはじめた。

「どのへんから、もれている？」

「確認《かくにん》します。」

そういった若《わか》い技術者《ぎじゅつしゃ》が、石《せっ》けん水《すい》を持《も》ってきた。金属《きんぞく》の部品《ぶひん》とタンクのつなぎめにかけると、水素《すいそ》がもれているところから、ぷくぷくとシャボン玉《だま》が現《あらわ》れる。

部品《ぶひん》をつけるときにミスしたのか、そもそもこのつけ方《かた》ではだめなのか。

「もういちど、つくりなおし！」

つけ方《かた》は、だれも教《おし》えてくれない。自分《じぶん》たちで考《かんが》え、何度《なんど》もやり方《かた》を変《か》えてみて、さらに実験《じっけん》してたしかめるしかない。

実験《じっけん》、実験《じっけん》、また実験《じっけん》である。

② 火《ひ》あぶりテスト

クルマは、燃《も》えることがある。

燃《も》える原因《げんいん》はさまざまだ。きちんと整備《せいび》をせずに、エンジンのまわりから火《ひ》が出《で》ることもあれば、キャンプファイヤーの火《ひ》が燃《も》えうつったなんてこともある。

たとえクルマが燃《も》えても、タンクを爆発《ばくはつ》させるわけにはいかない。火《ひ》であぶって、熱《あつ》さに耐《た》えられるかどうかのテストをする。

ただ、困《こま》ったことが起《お》きた。テスト方法《ほうほう》がないのである。

いままでだれも、クルマ用《よう》の水素《すいそ》タンクなどつくったことがないのだ。

どのくらい強《つよ》くしておけばいいのか。

どういうテストをすれば、それがたしかめられるのか。

だれも知《し》らない。初《はじ》めての燃料電池自動車《ねんりょうでんちじどうしゃ》なのだから、当然《とうぜん》といえば当然《とうぜん》なのだが。

クルマの安全《あんぜん》を専門《せんもん》にしている研究所《けんきゅうじょ》に行《い》き、テストの専門家《せんもんか》と、どのくらいの強《つよ》さにして、どういうテスト方法《ほうほう》がいいのかを考《かんが》える。これまた大変《たいへん》な作業《さぎょう》だ。

決《き》まったテスト方法《ほうほう》は、水素《すいそ》の出入《でい》り口《ぐち》の部品《ぶひん》を集中的《しゅうちゅうてき》に、六〇〇度《ど》で十分間《ぷんかん》あぶり、さらにタンク全体《ぜんたい》を八〇〇度《ど》であぶるというもの。

建物《たてもの》のなかに、バーベキューをするような金属《きんぞく》の台《だい》をセットし、その上《うえ》に、炭野《たんの》たちがつくった黄色《きいろ》いタンクをのせる。さらに、タンクが動《うご》かないようにチェーンでしばりつけた。

下《した》から、ガスバーナーでごうごうとあぶっていく。

まさに、火《ひ》あぶりの刑《けい》である。

炭野《たんの》たちにしてみれば、ひとつずつつくった、わが子《こ》のような大切《たいせつ》なタンクだ。まるで、自分《じぶん》の子《こ》どもが、あぶられているような気持《きも》ちになる。

「ああー！」

炭野《たんの》が、思《おも》わず声《こえ》をあげる。

となりでは部下《ぶか》が、口元《くちもと》に手《て》をあてて心配《しんぱい》そうに見《み》つめている。

テストが終《お》わり火《ひ》を止《と》めると、タンクは、真《ま》っ黒《くろ》になっていた。

「変《か》わりはてた姿《すがた》に……。」

炭野《たんの》たちの心《こころ》が痛《いた》む。しかし、自分《じぶん》たちが決《き》めたきびしいテスト方法《ほうほう》でも、安全《あんぜん》なことを証明《しょうめい》してみせたタンクなのである。

③　車両火災《しゃりょうかさい》テスト

建物《たてもの》のなかで、タンクだけを火《ひ》あぶりにしたあとは、クルマごと燃《も》やすテストだ。このテストは、外《そと》でおこなう。

クルマに火《ひ》をつけると、ごおおっと炎《ほのお》が大《おお》きくなっていく。あっという間《ま》に火《ひ》はクルマ全体《ぜんたい》に広《ひろ》がり、なかにあるタンクは黒《くろ》こげである。

一台《だい》だけで燃《も》やしたあとは、二台《だい》、さらに三台《だい》のクルマをいっしょに燃《も》やしていく。駐《ちゅう》車場《しゃじょう》や、カーフェリーのなかで火災《かさい》が発生《はっせい》したときは、何台《なんだい》ものクルマが燃《も》えるからだ。三台《だい》もあると火《ひ》の勢《いきお》いも強《つよ》いし、燃《も》えている時間《じかん》も長《なが》くなる。

これに耐《た》えられるようでなければ、車両火災《しゃりょうかさい》テストはクリアできない。

もちろん、このテストでもタンクがこわれることはなく、安全《あんぜん》なことがわかった。

タンクには次々《つぎつぎ》と試練《しれん》があたえられていた。

テストは日本《にっぽん》だけでなく、海外《かいがい》でもおこなわれた。日本《にっぽん》と海外《かいがい》では、テストのやり方《かた》がちがうし、海外《かいがい》でしかできないテストもあるからだ。

炭野《たんの》たちは、タンクといっしょにカナダへ向《む》かった。

④　カナダでの、火《ひ》あぶりテスト

日本《にっぽん》でもおこなった火《ひ》あぶりテストを、カナダでもやることにした。日本《にっぽん》の火《ひ》あぶりテストは、専用《せんよう》の建物《たてもの》のなかでおこなうが、カナダでは、まわりに民家《みんか》のない岩《いわ》と砂《すな》だらけのキャンプ場《じょう》のような場所《ばしょ》でおこなう。

条件《じょうけん》がちがえば、ちがう結果《けっか》になる可能性《かのうせい》もあるからだ。

日本《にっぽん》では、金属《きんぞく》でつくられた台《だい》の上《うえ》にタンクをのせていたが、カナダでは、金属製《きんぞくせい》のワクにチェーンでぶらさげる。

どちらにしても、バーベキューで肉《にく》を焼《や》くような光景《こうけい》である。だが、火《ひ》であぶられるのは、大切《たいせつ》なタンク。当然《とうぜん》、炭野《たんの》たちは、せつない思《おも》いでいっぱいになる。

着火《ちゃっか》！

ぶらさがったタンクの下《した》にある、ガスバーナーから火《ひ》が出《で》はじめる。タンクにさわるかさわらないかの小《ちい》さな炎《ほのお》だ。

まるで『ほらほら、熱《あつ》いか、熱《あつ》いか？』と、いじめられているようだ。

「はやく、一気《いっき》に！」

炭野《たんの》は、思《おも》わずそういいそうになる。

炎《ほのお》は、次第《しだい》にゆっくりと大《おお》きくなり、一分《ぷん》ほどたつと、ごうごうと燃《も》えさかりはじめた。タンクは、完全《かんぜん》に火《ひ》に包《つつ》まれていた。

すると、ここで風《かぜ》がふいた。

炎《ほのお》が、右《みぎ》へ左《ひだり》へと、ゆらゆらおどりはじめたのだ。

建物《たてもの》のなかでおこなう日本《にっぽん》の火《ひ》あぶりテストでは、こんなことにはならない。

しかし、カナダはちがう。

強《つよ》い風《かぜ》がふくとタンクが、火《ひ》のあいだから顔《かお》をのぞかせるのだ。

『たすけて〜。』

炭野《たんの》たちには、タンクがうったえかけているようにみえる。

「ああ……。」

「こんなに火《ひ》がゆれて、ちゃんとした実験《じっけん》になるのか？」

このテストではタンクのなかに本物《ほんもの》の水素《すいそ》が入《い》れてある。万《まん》が一《いち》、失敗《しっぱい》したら、いつ爆《ばく》発《はつ》するかわからない。

しかし、爆発《ばくはつ》の心配《しんぱい》よりも、風《かぜ》がふいても火《ひ》がちゃんとあたらなくても気《き》にしない、カナダ式《しき》テストのあまりにいい加減《かげん》な、いや、細《こま》かいことを気《き》にしない試験方法《しけんほうほう》のほうが心《しん》臓《ぞう》に悪《わる》い。

ちゃんとテストしろよと、怒《いか》りがこみあげてくるものの、タンクにとりつけられた温度《おんど》計《けい》は、しっかり目標《もくひょう》の六〇〇度《ど》に達《たっ》していた。

タンクは、がんばった。このテストでも、タンクが溶《と》けたり、穴《あな》があいたりすることはなく、炭野《たんの》たちのつくり方《かた》にまちがいはないと教《おし》えてくれた。

⑤　ガンファイヤ・テスト

ガンファイヤ・テストは、銃《じゅう》で撃《う》つ試験《しけん》だ。

日本《にっぽん》では、クルマが銃《じゅう》で撃《う》たれることは、ほとんどない。しかし、アメリカはちがう。

アメリカは銃《じゅう》をもっている人《ひと》がたくさんいて、いつ撃《う》たれるかわからない。アメリカで安全《あんぜん》に使《つか》ってもらうための、大切《たいせつ》なテストだ。

これも、日本《にっぽん》ではできないためカナダでおこなう。

カーボンファイバーがきちんと巻《ま》かれていれば、弾《たま》があたったところに穴《あな》があく。弾《たま》の直径《ちょっけい》とおなじ大《おお》きさにきれいにあいた穴《あな》から、水素《すいそ》のかわりに入《い》れてある窒素《ちっそ》が、しゅーっとぬけるだけだ。

しかし、きちんと巻《ま》かれていなければ、タンクはばらばらにこわれる。これはまずい。

タンクが、バーベキューの台《だい》のようなものに置《お》かれる。その二十メートルほど手前《てまえ》には、布袋《ぬのぶくろ》に土《つち》をつめてつくった土嚢《どのう》がいくつも積《つ》みかさねられていた。

サングラスをかけたカナダ人《じん》が、ライフルを手《て》にしてゆっくりと土嚢《どのう》の山《やま》に歩《ある》いてきた。彼《かれ》のほんとうの仕事《しごと》は、警察官《けいさつかん》。銃《じゅう》のうでまえは、折《お》り紙《がみ》つきだ。

炭野《たんの》たちは、カナダ人《じん》のいるところから、さらに二十メートルほど後《うし》ろにいた。万《まん》が一《いち》、ばらばらになっても破片《はへん》があたらないよう、やはり土嚢《どのう》がつまれた場所《ばしょ》である。

準備《じゅんび》が完了《かんりょう》したのか、カナダ人《じん》がいきなり銃《じゅう》をかまえはじめた。

「おい、『いきまーす！』とか『三、二、一！』とか、合図《あいず》はないのか？」

炭野《たんの》のあわてた声《こえ》に、若《わか》い技術者《ぎじゅつしゃ》が、両手《りょうて》で耳《みみ》をふさぎながら大声《おおごえ》で答《こた》える。

「ないみたいです！」

あわてて、土嚢《どのう》の陰《かげ》に身《み》をかくす。顔《かお》だけそっと出《だ》して、カナダ人《じん》を見《み》つめる。銃《じゅう》で狙《ねら》いをさだめたと思《おも》ったら、大《おお》きな銃声《じゅうせい》が上《あ》がった。

バーン！

さあ、どうだ！

炭野《たんの》たちが、目《め》をこらす。弾《たま》があたったタンクは、わずかにみぶるいしたようにゆれた。すると、そのまま真《ま》ん中《なか》あたりから白《しろ》い煙《けむり》が、しゅるる〜と出《で》はじめた。

「よしっ！」

「やりましたね！」

タンクに命中《めいちゅう》させたカナダ人《じん》は、自慢《じまん》げにふりむいて片手《かたて》をあげた。

たくさんのタンクたちが、あらゆるテストを受《う》けて、ぼこぼこになっていく。そのたびに炭野《たんの》たちは、生《い》きた心地《ここち》がしない。

しかし、こうして交通事故《こうつうじこ》や火災《かさい》にも強《つよ》い、安全《あんぜん》なタンクができあがるのである。

4

いいクルマにするために

使《つか》いやすくて便利《べんり》で、気持《きも》ちよく走《はし》れるクルマにするために。技《ぎ》術者《じゅつしゃ》たちが協力《きょうりょく》して、よりよいクルマにしていきます。

1 燃料《ねんりょう》電池《でんち》を冷《ひ》やせ！

画伯《がはく》たちのデザインチームがつくったクレイモデルを見《み》て、Z《ゼット》チームはのけぞった。とくにあわてたのは、冷却《れいきゃく》チームである。

「なんだ、これ！」

「約束《やくそく》がちがう！」

冷却《れいきゃく》チームの仕事《しごと》は、燃料電池《ねんりょうでんち》を冷《ひ》やすことだ。

冷《ひ》やすために使《つか》うのは、風《かぜ》。

クルマが走《はし》ると、真正面《ましょうめん》に風《かぜ》があたる。

だから真正面《ましょうめん》は、風《かぜ》が入《はい》る穴《あな》があいていて、入《はい》ってきた風《かぜ》がなかにある冷却装置《れいきゃくそうち》にあたるようになっている。

すると冷却装置《れいきゃくそうち》が冷《ひ》えて、その奥《おく》にある燃料電池《ねんりょうでんち》を冷《ひ》やすしくみだ。

だから、穴《あな》、つまり、開口部《かいこうぶ》の大《おお》きさが大切《たいせつ》なのである。

冷却装置《れいきゃくそうち》は、エンジンで走《はし》るクルマにもある。ただ、エンジンの熱《ねつ》は、排気《はいき》ガスといっしょに排気管《はいきかん》をとおして、クルマの後《うし》ろから出《だ》すことができる。

それにくらべて燃料電池《ねんりょうでんち》は、排気管《はいきかん》がないので熱《ねつ》が出《だ》せない。開口部《かいこうぶ》からの風《かぜ》だけが、たよりなのである。

冷却《れいきゃく》チームは、最初《さいしょ》のZ《ゼット》チームでの会議《かいぎ》で、

「真正面《ましょうめん》にはこのくらい、開口部《かいこうぶ》をつくってほしい。」

とたのんでおいた。

Z《ゼット》チームも画伯《がはく》も、それでいいといったはずだ。それなのに、画伯《がはく》たちがつくってきたクレイモデルは、開口部《かいこうぶ》が明《あき》らかに小《ちい》さかった。

「これじゃ、冷却装置《れいきゃくそうち》が冷《ひ》えない。」

「冷《ひ》えなければ、目標《もくひょう》にしている性能《せいのう》が出《で》ないぞ。」

緊急会議《きんきゅうかいぎ》である。

「なんで、こんなカタチになったんですか！」

冷却《れいきゃく》チームが問《と》いつめると、画伯《がはく》はあっさりといった。

「つくってみたんだけど、あまりにもかっこ悪《わる》くて。」

しーん。

そういわれると返《かえ》す言葉《ことば》もない。ミギウデだけは画伯《がはく》に向《む》かって、

『みんなで決《き》めた約束《やくそく》を、やぶっちゃだめでしょう。』

と、いつかいわれた言葉《ことば》をそのまま返《かえ》そうとしたが、やめておいた。

「いや、でもですね。これでは燃料電池《ねんりょうでんち》が冷《ひ》えないいんですよ。走《はし》れませんよ？」

冷却《れいきゃく》チームが、状況《じょうきょう》を説明《せつめい》する。

とはいえ、画伯《がはく》もなかなか、首《くび》をタテにはふらない。

長《なが》い押《お》し問答《もんどう》のすえ、ついに画伯《がはく》が折《お》れた。

「わかったよ。」

おお！

冷却《れいきゃく》チームとZ《ゼット》チームの、熱意《ねつい》が伝《つた》わったのだ。よろこんだ瞬間《しゅんかん》、画伯《がはく》がいいはなった。

「どれだけかっこ悪《わる》いか、絵《え》に描《か》いてくる。」

えええー！

一週間後《しゅうかんご》。

会議《かいぎ》は午後《ごご》一時《じ》からだというのに、昼休《ひるやす》みが終《お》わる前《まえ》から、会議室《かいぎしつ》にはほとんどの顔《かお》ぶれがそろっていた。

みんな、どんなカタチになるか心配《しんぱい》でしかたないのだ。

一時《じ》ちょうどに汗《あせ》だくになった久留間《くるま》が、お気《き》に入《い》りの扇子《せんす》で顔《かお》をあおぎながら現《あらわ》れた。

「あっち、あっち～。」

いつものように午前《ごぜん》の仕事《しごと》が終《お》わると研究所《けんきゅうじょ》のまわりを走《はし》り、汗《あせ》まみれのランニングウエアを着《き》がえ、社員食堂《しゃいんしょくどう》で昼食《ちゅうしょく》をとっての到着《とうちゃく》である。

そばを一気《いっき》に食《た》べたせいで、せっかく着《き》がえたというのに、また汗《あせ》まみれだ。

久留間《くるま》が姿《すがた》を見《み》せると、会議室《かいぎしつ》のはりつめた空気《くうき》がちょっとなごむ。

これは、久留間《くるま》の才能《さいのう》のひとつといっていいだろう。

「はじめようか。」

久留間《くるま》の声《こえ》を合図《あいず》に、画伯《がはく》がスケッチの入《はい》ったかばんをとりだす。

「希望《きぼう》どおりに、描《か》きました。」

画伯《がはく》はそういいながら、モノクロで描《か》きあげたスケッチを机《つくえ》の上《うえ》に置《お》いた。

全員《ぜんいん》が、われ先《さき》にと身《み》をのりだして見《み》る。

「……………」

「うーん……。」

「これは、さすがに……。」

全員《ぜんいん》が、そのままかたまった。

デザインのことはよくわからないミギウデにも、かっこ悪《わる》いということはわかる。さらに、これをすこし直《なお》したところでよくなるレベルではない、ということもわかった。

しーんと静《しず》まりかえった会議室《かいぎしつ》に、画伯《がはく》の声《こえ》が静《しず》かにひびいた。

「こんなの、ほんとうにつくります？」

このかっこ悪《わる》いクルマを世《よ》の中《なか》に出《だ》すのか。それとも、ほかに冷却《れいきゃく》できる方法《ほうほう》をさがすのか。画伯《がはく》の言葉《ことば》は、どっちにするのかとたずねているようだった。

画伯《がはく》だって、冷却《れいきゃく》チームの希望《きぼう》をかなえたい。でも、真正面《ましょうめん》はクルマの顔《かお》だ。大《おお》きな穴《あな》のあいた顔《かお》は、デザイナーがいくらがんばっても、限界《げんかい》がある。

冷却《れいきゃく》チームは、だまったままじっとスケッチを見《み》つめている。

久留間《くるま》が、口《くち》をひらいた。

「燃料電池《ねんりょうでんち》を冷《ひ》やすために、開口部《かいこうぶ》に必要《ひつよう》な面積《めんせき》はわかった。でも、いままでとおなじやり方《かた》で計算《けいさん》した数字《すうじ》だよね。」

冷却《れいきゃく》チームが、久留間《くるま》を見《み》る。画伯《がはく》も、となりの席《せき》から久留間《くるま》を見《み》つめている。

「開口部《かいこうぶ》がすこしせまくても、冷《ひ》えるやり方《かた》はないのかな。」

久留間《くるま》が、考《かんが》えこむような表情《ひょうじょう》をしながら、扇子《せんす》で顔《かお》をゆっくりとあおぐ。汗《あせ》はもう、ずいぶん前《まえ》にひいていた。

壁《かべ》にぶつかったときこそ、新《あたら》しい発見《はっけん》のチャンスだ。冷《ひ》えるやり方《かた》が、ほかにもあるかもしれない。

冷却《れいきゃく》チームが、決心《けっしん》したようにいった。

「さがしてみます。ミリ単位《たんい》、いや、〇・一ミリ単位《たんい》で部品《ぶひん》の位置《いち》を変《か》えていけば、風《かぜ》のとおり道《みち》が変《か》わる。開口部《かいこうぶ》をもっと小《ちい》さくできるかもしれません。」

冷却《れいきゃく》チームの言葉《ことば》に、画伯《がはく》もうなずいた。

「デザインチームも、どうすれば風《かぜ》がとおりやすい開口部《かいこうぶ》の形《かたち》ができるか、もういちどやってみます。実験《じっけん》をするときは呼《よ》んでください。いっしょに考《かんが》えましょう。」

ミギウデは、彼《かれ》らのやる気《き》に火《ひ》がついたのを感《かん》じていた。

会議《かいぎ》が終《お》わり、画伯《がはく》と冷却《れいきゃく》チームがいなくなると、久留間《くるま》はミギウデにいった。

「燃料電池《ねんりょうでんち》チームにも、もうすこしがんばってもらえないかな。」

燃料電池《ねんりょうでんち》が熱《あつ》くならないように工夫《くふう》してもらうのだ。

みんながすこしずつがんばれば、目標《もくひょう》をクリアできるかもしれない。

「たのんでみます。」

ミギウデは、すぐにハカセのいる燃料電池《ねんりょうでんち》チームに走《はし》っていった。

2 風《かぜ》をうまく流《なが》す

デザインと風《かぜ》。このふたつは、いろいろな関係《かんけい》がある。

空気《くうき》がクルマの表面《ひょうめん》をうまく流《なが》れていかないと、空気抵抗《くうきていこう》が大《おお》きくなり、速《はや》く走《はし》ることができないし、燃費《ねんぴ》も悪《わる》くなる。

「正面《しょうめん》の左右《さゆう》の角《かど》の部分《ぶぶん》。ここの風《かぜ》の流《なが》れが悪《わる》いんだよ。」

風《かぜ》の流《なが》れを考《かんが》える空力《くうりき》チームが、実験《じっけん》の結果《けっか》をZ《ゼット》チームに伝《つた》えてきた。

ミギウデが、画伯《がはく》に相談《そうだん》にいく。

「ちょっと、角《かど》を削《けず》ってもらえませんか？」

すこしくらいなら、かまわないだろう。ミギウデはそう思《おも》っていたけれど、やはり、そうではないらしい。

「すべてのカタチには意味《いみ》があるんだ。そこだけいじったら、全体《ぜんたい》のバランスがおかしくなる。」

画伯《がはく》にそういわれ、またしても緊急会議《きんきゅうかいぎ》である。

しかし、空力《くうりき》チームも画伯《がはく》もまったく歩《あゆ》みよる気配《けはい》がない。時間《じかん》ばかりがどんどん過《す》ぎていく。

『ふざけんなよ。どっちもワガママいっていないで、なんとかしろよ！』

ミギウデは、そういいたくなるのを、ぐっと飲《の》みこんだ。

自分《じぶん》が、怒《おこ》ったら終《お》わり。

ミギウデもまた、上司《じょうし》である久留間《くるま》の仕事《しごと》ぶりを見《み》て、久留間《くるま》のようになりたいと願《ねが》っていた。開発《かいはつ》は、Z《ゼット》チームが直接《ちょくせつ》するわけじゃない。クルマづくりに誇《ほこ》りをもつ技術者《ぎじゅつしゃ》たちに、いい仕事《しごと》をしてもらうためにどうすればいいのか。

ざわざわした会議室《かいぎしつ》のなかで、ミギウデがそう思《おも》いつめたとき、机《つくえ》をはさんだ反対側《はんたいがわ》から突然《とつぜん》、どなり声《ごえ》がひびいた。

「どうすんだ、おい、ゼットォ！」

しーん。

会議室《かいぎしつ》が、一気《いっき》に静《しず》まりかえった。

声《こえ》の主《ぬし》は、番頭坂正造《ばんとうざかしょうぞう》。商品実験部《しょうひんじっけんぶ》の大《だい》ベテランだ。

商品実験部《しょうひんじっけんぶ》は、消費者《しょうひしゃ》の気持《きも》ちになっていいか悪《わる》いかを判断《はんだん》し、方向修正《ほうこうしゅうせい》をするところだ。番頭坂《ばんとうざか》は、ひょろりと背《せ》が高《たか》く親分《おやぶん》のような存在《そんざい》で、みんなからはオヤジさんと呼《よ》ばれている。

オヤジさんは、ミギウデをにらんでいた。

（お、おれ？）

ミギウデは、あわてた。

オヤジさんが、さらにどなった。

「性能《せいのう》とデザイン、どっちとるんだ？　え？　どっちだあ！」

「どっちもです！」

ミギウデは、反射的《はんしゃてき》に叫《さけ》んでいた。会社人生《かいしゃじんせい》のなかで、『ゼットォ！』なんて呼《よ》びすてにされたことないぞ？　軽《かる》いパニックになりながらも、ミギウデがもういちどいう。

「どっちもです。なんとかしましょう！」

しましょうといっても、自分《じぶん》がするわけではない。してもらうのだが。

「そんなこと、わかっとるわい！」

オヤジさんが、ふてくされたようにいう。

そう、みんな、わかっている。どっちもやりたいのだ。

どっちもやりたい。なんとかしたい。でも、できない。

ただ、オヤジさんのどなり声《ごえ》で、会議室《かいぎしつ》の雰囲気《ふんいき》が変《か》わった。

画伯《がはく》が口《くち》をひらいた。

「角《かど》をどのくらい削《けず》れば、空力《くうりき》がよくなるのか、だいたいではなく、はっきりと数字《すうじ》で教《おし》えてほしい。」

「わかりました。こちらも、この角《かど》の部分《ぶぶん》だけでなく、ほかの部分《ぶぶん》とあわせて目標《もくひょう》をクリアできないか、やってみます。」

空力《くうりき》チームも、クルマ全体《ぜんたい》をみなおすことになった。

画伯《がはく》も空力《くうりき》チームも、ワガママをいっているのではない。どうすれば、燃料電池自動車《ねんりょうでんちじどうしゃ》がいいクルマになるのか。だからこそのぶつかりあいだと、みんなわかっているのだ。

オヤジさんは、あいかわらず、ふてくされたような顔《かお》をしている。でも、目元《めもと》がほんのすこし笑《わら》っていることに、ミギウデは気《き》づいていた。

3 音《おと》をなくす

エンジンのあるクルマは、エンジンの音《おと》がする。けれど、燃料電池《ねんりょうでんち》は音《おと》がしない。

大《おお》きな音《おと》がしないと、いままで気《き》にならなかった小《ちい》さな音《おと》がきこえてくる。

ひとつは、風《かぜ》きり音《おん》。これも、デザインと大《おお》きく関係《かんけい》している。

画伯《がはく》は、こんどは風《かぜ》きり音《おん》チームと調整《ちょうせい》を進《すす》めていた。


音《おと》の問題《もんだい》は、燃料電池《ねんりょうでんち》チームにもおそいかかってきた。

燃料電池《ねんりょうでんち》そのものは音《おと》がしないものの、燃料電池《ねんりょうでんち》自動車《じどうしゃ》になるといろんな音《おと》がする。

とんとんとん……ひゅーん……ひゅるひゅる、ぎゅるぎゅる……燃料電池《ねんりょうでんち》のまわりにある、さまざまな機械《きかい》が音《おと》をたてるのだ。

商品評価《しょうひんひょうか》にやってきたオヤジさんは、いつものようにぶっきらぼうにいった。

「うるさいよ、これ。」

燃料電池《ねんりょうでんち》チームの顔《かお》には、『やっぱり……。』と書《か》いてある。

「最初《さいしょ》にくらべたら、かなり小《ちい》さくしたんですよ。」

ハカセが、オヤジさんに説明《せつめい》する。しかし、オヤジさんはきびしい。

「最初《さいしょ》がどうだったかなんて知《し》らないよ。いま、どう感《かん》じるかが大事《だいじ》なんだよ。買《か》った人《ひと》に、燃料電池自動車《ねんりょうでんちじどうしゃ》ってうるさいのねえっていわれるぞ。いいのか？」

いいわけはない。

「もっと音《おと》を下《さ》げろ。まだ時間《じかん》はある！」

オヤジさんの一声《ひとこえ》で、燃料電池《ねんりょうでんち》チームに、さらなる宿題《しゅくだい》ができた。

『熱《ねつ》』につづいて、こんどは、『音《おと》』である。

燃料電池《ねんりょうでんち》チームは、すぐに音《おと》を下《さ》げる工夫《くふう》をこらす。しかし、何度《なんど》やってもオヤジさんのOK《オーケー》がでない。

ついにハカセが降参《こうさん》した。

「もうむりです。あとは、遮音《しゃおん》でやってください。」

遮音《しゃおん》は、クルマの床《ゆか》などに、音《おと》をさえぎるものを入《い》れること。

ただ、遮音材《しゃおんざい》はお金《かね》がかかる。しかもクルマが重《おも》くなる。できることなら、使《つか》いたくない。その場《ば》にいたミギウデは、となりにいる遮音担当《しゃおんたんとう》にそっときいてみた。

「この音《おと》、消《け》すのにどのくらいかかります？」

遮音担当《しゃおんたんとう》は、表情《ひょうじょう》を変《か》えないまま即答《そくとう》した。

「一・二キログラム。」

ミギウデは、目《め》が点《てん》になった。

ふつうは、グラム単位《たんい》でいう話《はなし》なのに、いきなり、キロ単位《たんい》か！

たかが、一・二キログラムと思《おも》うかもしれないが、あちこちですこしずつ重《おも》くなれば、あっという間《ま》に十キログラム、二十キログラムとなってしまう。

遮音材《しゃおんざい》だけで一・二キログラムは、大問題《だいもんだい》だ。

すると、またしても気《き》の短《みじか》いオヤジさんが、行動《こうどう》に出《で》た。

ばーん！

ものすごい音《おと》をさせて机《つくえ》をたたいたオヤジさんが、立《た》ちあがっている。

「音《おと》を出《だ》している原因《げんいん》が悪《わる》い！　遮音《しゃおん》なんていつでもできる。まず、燃料電池《ねんりょうでんち》をなんとかするのが筋《すじ》やろう。甘《あま》えるのもいい加減《かげん》にせい！」

燃料電池《ねんりょうでんち》チームが、しょぼーんと小《ちい》さくなっていた。

ぜったいに怒《おこ》らないと決《き》めているミギウデにしてみれば、オヤジさんのどなりっぷりは、みごとなほどである。けれど、ミギウデは知《し》っている。オヤジさんは、わざと怒《おこ》ったふりをして、みんなをふるいたたせているのだ。

会議《かいぎ》が終《お》わり、Z《ゼット》チームの部屋《へや》にもどってきたミギウデは考《かんが》えた。

ほんとうにもう、燃料電池《ねんりょうでんち》チームは限界《げんかい》なのかもしれない。もう音《おと》を下《さ》げることはできないかもしれない。

それに、燃料電池自動車《ねんりょうでんちじどうしゃ》なのだ。いろんな音《おと》がしてもいいのかもしれない。乗《の》る人《ひと》は、ほんとうは音《おと》があるものがほしいのかもしれない。

なにが正解《せいかい》なのか、わからない。

世界初《せかいはつ》の燃料電池自動車《ねんりょうでんちじどうしゃ》は、どうあるべきなんだろう。

4 ふたたび、水《みず》が問題《もんだい》に！

いい技術《ぎじゅつ》と、いい商品《しょうひん》はちがう。

これまでずっと、いい技術《ぎじゅつ》を目標《もくひょう》に開発《かいはつ》をつづけてきた燃料電池《ねんりょうでんち》チームにとって、新《あら》たに出《で》てきた『いい商品《しょうひん》』は、まったくべつの世界《せかい》。

熱《ねつ》を出《だ》すなとか、音《おと》を下《さ》げろとか、Ｚ《ゼット》チームやオヤジさんから次々《つぎつぎ》に出《だ》される要求《ようきゅう》は、いままで出会《であ》ったことのない魔物《まもの》のような存在《そんざい》だった。

そんな燃料電池《ねんりょうでんち》チームに、さらなる魔物《まもの》が現《あらわ》れた。

すでに解決《かいけつ》したはずの、水《みず》である。

燃料電池《ねんりょうでんち》チームは、水問題《みずもんだい》が解決《かいけつ》したあとも毎年《まいとし》、冬《ふゆ》の北海道《ほっかいどう》でテストをおこなっていた。

燃料電池《ねんりょうでんち》を小《ちい》さくしたり、熱《あつ》くならないようにしたりと、さらに改良《かいりょう》しているので、変《か》えたところにどんなトラブルが起《お》こるかわからない。

変更《へんこう》したら必《かなら》ず、現地《げんち》に持《も》っていってたしかめるのである。

その日《ひ》のテストは、オヤジさんもいっしょだった。

いつものように、燃料電池《ねんりょうでんち》をのせた実験車《じっけんしゃ》を、暗《くら》い夜明《よあ》け前《まえ》からマイナス二十度《ど》の外《そと》に置《お》いて冷《ひ》やす。

いつものように、キーをひねる。

すると、いつものように、ちゃんと始動《しどう》した。

ふんふん、よしよし。順調《じゅんちょう》、順調《じゅんちょう》。

ハカセたち、燃料電池《ねんりょうでんち》チームにも余裕《よゆう》が感《かん》じられる。テストは問題《もんだい》なし。これで終了《しゅうりょう》と、実験車《じっけんしゃ》のキーをオフにしたときだった。

もわ〜ん。

クルマの後《うし》ろから、白《しろ》い湯気《ゆげ》が出《で》はじめた。

外《そと》があまりにも寒《さむ》いので、燃料電池《ねんりょうでんち》から出《で》てきた水《みず》が湯気《ゆげ》になったのである。

もわもわ〜ん。

湯気《ゆげ》はどんどん大《おお》きくなる。実験車《じっけんしゃ》の後《うし》ろに、実験車《じっけんしゃ》より大《おお》きな湯気《ゆげ》のかたまりが浮《う》かんでいる。

「おいおい！」

オヤジさんが、声《こえ》をあげた。

「なんだこれは。これじゃあかん！」

燃料電池《ねんりょうでんち》チームには、オヤジさんがいっている意味《いみ》がわからない。

「ちょっと会議室《かいぎしつ》にいこう！」

緊急会議《きんきゅうかいぎ》である。

「あの湯気《ゆげ》、なに？」

「燃料電池《ねんりょうでんち》がつくった水《みず》を、後《うし》ろから出《だ》しています。配水管《はいすいかん》のなかにある水《みず》です。」

「どれだけ水《みず》が出《で》ているの？」

「だいたい六十ミリリットルですから、タマゴ一個分《こぶん》くらいですかね。」

水《みず》が出《で》るのは、当《あ》たり前《まえ》なのだ。このくらいは、ゆるしてもらえると思《おも》っていたのだが。

「出《で》すぎや。」

オヤジさんは、ピシャリといった。

「出《で》すぎっていわれても……。」

燃料電池《ねんりょうでんち》チームは、困《こま》ったままだまりこくった。

オヤジさんは、説明《せつめい》をはじめた。

「いいか。お客《きゃく》さんはいろんなところで使《つか》うんだ。たとえば車庫《しゃこ》。ビニールハウスみたいな車庫《しゃこ》を使《つか》っている農家《のうか》さんもいるだろう。湯気《ゆげ》でいっぱいになったらどうする。前《まえ》が見《み》えなくなるぞ。それに、そのまま氷点下《ひょうてんか》まで冷《ひ》えこんだら、水滴《すいてき》がついたビニールが、ばりんばりんに凍《こお》ってやぶれる。」

「！」

衝撃《しょうげき》を受《う》けている燃料電池《ねんりょうでんち》チームにかまわず、オヤジさんがつづける。

「マンションの立体駐車場《りったいちゅうしゃじょう》はどうする。水《みず》がたれたら、下《した》に止《と》めてあるクルマの持《も》ち主《ぬし》に怒《おこ》られるぞ。」

「！」

つきつけられた現実《げんじつ》に、燃料電池《ねんりょうでんち》チームが目《め》をぱちくりさせている。これが、商品《しょうひん》として使《つか》いやすいかどうかを考《かんが》えるということなのだ。

やっと凍《こお》らせない技術《ぎじゅつ》をつくったのに、こんどは出《だ》すなというのか。それはむりだ。

会議室《かいぎしつ》で、全員《ぜんいん》が考《かんが》えこむ。オヤジさんが顔《かお》を上《あ》げた。

「ぬくか。」

みんなが、オヤジさんのほうを見《み》る。

「クルマを車庫《しゃこ》に止《と》める前《まえ》に、ぬくってどうだ。」

水《みず》をぬくことができれば、いまある問題《もんだい》は解決《かいけつ》する。

「それなら、できます。」

燃料電池《ねんりょうでんち》チームの顔《かお》が、ぱっと明《あか》るくなる。

「よし、それでいこう！」

5 アメリカの荒野《こうや》を走《はし》る

燃料電池自動車《ねんりょうでんちじどうしゃ》の開発《かいはつ》が進《すす》むにつれ、いろいろな町《まち》を走《はし》るテストも増《ふ》えていく。

寒《さむ》さテストがあれば、暑《あつ》さテストもしなくてはならない。世界《せかい》には、日本《にっぽん》よりも暑《あつ》い国《くに》がたくさんあるのだ。

アメリカ、ネバダ州《しゅう》にあるベーカー坂《ざか》は、クルマの技術者《ぎじゅつしゃ》のあいだでは有名《ゆうめい》な坂《さか》だ。

まっすぐにのびた上《のぼ》り坂《ざか》が、三十キロメートルほどつづいている。

しかも真夏《まなつ》になれば、昼間《ひるま》の気温《きおん》は四十度《ど》をこえる。いくら走《はし》りながら冷却装置《れいきゃくそうち》に風《かぜ》をあてたところで、なかなか冷《ひ》えてはくれない。

この坂《さか》を問題《もんだい》なく上《のぼ》りきることが、世界《せかい》じゅうの国《くに》で売《う》るための絶対条件《ぜったいじょうけん》なのである。

酷暑《こくしょ》テストを担当《たんとう》するのは、燃料電池《ねんりょうでんち》チームの若手技術者《わかてぎじゅつしゃ》、根津唐守《ねつからまもる》。

根津唐《ねつから》は、燃料電池自動車《ねんりょうでんちじどうしゃ》をつくりたくて、それまでいた会社《かいしゃ》をやめてトヨタにやってきた。

学生《がくせい》のころは、数学《すうがく》や化学《かがく》が好《す》きだった。英語《えいご》なんてどうせ使《つか》わないからと、まじめに勉強《べんきょう》しなかったことをいまになってほんのすこし後悔《こうかい》している。

二〇一二年夏《ねんなつ》の、アメリカでのテストはひどかった。

ベーカー坂《ざか》に行《い》くまでもなく、そのまえに寄《よ》ったロサンゼルスを走《はし》らせただけで、燃料《ねんりょう》電池《でんち》のパワーが出《で》なくなった。

あまりに早《はや》いギブアップに、根津唐《ねつから》は気《き》が遠《とお》くなった。

二〇一三年《ねん》の夏《なつ》、ふたたびアメリカにやってきた。

これでテストがうまくいかなければ、二〇一五年《ねん》の発売《はつばい》に、赤信号《あかしんごう》がともる。

「ぜったいに、うまくいく！」

気合十分《きあいじゅうぶん》でやってきたはずなのに、初日《しょにち》に暑《あつ》いロサンゼルスを走《はし》らせただけで、またもやパワーが出《で》なくなった。

「なにっ！」

「うそだろ？」

根津唐《ねつから》たちは、あせった。

日本《にっぽん》の実験室《じっけんしつ》では大丈夫《だいじょうぶ》だったのに、いきなりの緊急事態《きんきゅうじたい》である。

日本《にっぽん》にいるハカセたちに、テレビ電話《でんわ》で連絡《れんらく》する。考《かんが》えられることをすべて調《しら》べてもらうものの、原因《げんいん》はわからなかった。大切なテスト初日は、なにもできないまま終わった。

翌日《よくじつ》。根津唐《ねつから》が、どんよりとした気持《きも》ちで研究所《けんきゅうじょ》に行《い》くと、ロサンゼルスのトヨタ研究《けんきゅう》所《じょ》が使《つか》っているＦＣＨＶ《エフシーエイチブイ》も不調《ふちょう》だという。

「なにかの呪《のろ》いか？」

「そんなわけ、ないだろう。」

ないだろうといいつつ、心《こころ》のどこかで、そうかもしれないと思《おも》ってしまう。超常現象《ちょうじょうげんしょう》を信《しん》じてしまうほど追《お》いつめられていた。

そこへ、アメリカ人《じん》のスタッフから連絡《れんらく》がきた。タンクに入《い》れた水素《すいそ》に問題《もんだい》があるのではないかというのだ。

「水素《すいそ》？」

「二台《だい》とも研究所《けんきゅうじょ》のそばにある、おなじ水素《すいそ》ステーションで入《い》れているだろう。」

ロサンゼルスは、環境《かんきょう》にやさしい街《まち》づくりをしていて、すでに水素《すいそ》ステーションがいくつもできている。

「調《しら》べてみよう。」

実験車《じっけんしゃ》のタンクのなかの水素《すいそ》を抜《ぬ》きとり、調《しら》べてみる。

「どうだ？」

「うわー。不純物《ふじゅんぶつ》がまざっている！」

「なんだよ、燃料電池《ねんりょうでんち》は悪《わる》くないじゃないか！」

あっさりと、問題解決《もんだいかいけつ》である。

ネバダ州《しゅう》は、ロサンゼルスのあるカリフォルニア州《しゅう》の東側《ひがしがわ》に位置《いち》する。

ベーカー坂《ざか》は、なだらかな上《のぼ》り坂《ざか》で、遠《とお》くにある赤茶《あかちゃ》けた低《ひく》い山《やま》にすいこまれるようにつづいている。

道《みち》のわきは、砂漠《さばく》のように乾《かわ》いた砂《すな》だらけで、ところどころに、かさかさになった細《ほそ》い草《くさ》のかたまりが風《かぜ》にふかれていた。

空《そら》は青《あお》く広《ひろ》がり、雲《くも》はなく、太陽《たいよう》の日《ひ》ざしがてりつけている。

「暑《あつ》い。」

根津唐《ねつから》は、思《おも》わず声《こえ》にした。

日本《にっぽん》のような蒸《む》し暑《あつ》さはないものの、日《ひ》ざしが強《つよ》く、肌《はだ》がちくちくと痛《いた》む。サングラスがなければ、目《め》をあけていられないほどだ。

ロサンゼルスから、コンテナ車《しゃ》にのせて運《はこ》んできた実験車《じっけんしゃ》をおろす。

根津唐《ねつから》が運転席《うんてんせき》に座《すわ》り、となりには燃料電池《ねんりょうでんち》チームのもうひとりの担当者《たんとうしゃ》が座《すわ》った。走《はし》っているあいだの状態《じょうたい》がわかるように、燃料電池《ねんりょうでんち》には計測器《けいそくき》がつながれていて、助手席《じょしゅせき》から確認《かくにん》できるようになっている。

根津唐《ねつから》たちののる実験車《じっけんしゃ》をガードするように、前後《ぜんご》にスタッフのクルマがついた。

約《やく》三十キロメートルの上《のぼ》り坂《ざか》。根津唐《ねつから》は静《しず》かにスタートさせると、制限速度《せいげんそくど》いっぱいの時速《じそく》一一二キロメートルに保《たも》ちながら、アクセルペダルをふみつづけた。

クルマの真正面《ましょうめん》にある開口部《かいこうぶ》から、風《かぜ》が入《はい》ってきているはずだが、外《そと》の気温《きおん》は四十度《ど》。燃料電池《ねんりょうでんち》は、そうかんたんには冷《ひ》えてくれないはずだ。

「がんばれ。こわれるなよ。」

根津《ねつ》唐《から》は、そう念《ねん》じながらアクセルペダルをふみつづける。

スピードメータの針《はり》が、ぴったり一一二キロメートルになるよう、右足《みぎあし》に神経《しんけい》を集中《しゅうちゅう》させる。

ベーカー坂《ざか》を上《あ》がってはもどり、上《あ》がってはもどりをくりかえす。燃料電池《ねんりょうでんち》は、こわれることなく順調《じゅんちょう》にテストをこなしていった。

ベーカー坂《ざか》でのテストは、問題《もんだい》なく終《お》えることができた。

翌日《よくじつ》からも、カリフォルニア州《しゅう》デスバレー、ネバダ州《しゅう》ラスベガスと、きびしい気温《きおん》のなかでのテストがおこなわれていく。ドライヤーの風《かぜ》をあてられているような五十度《ど》の気温《きおん》のなかも、標高《ひょうこう》が高《たか》く酸素《さんそ》がうすい道《みち》も、燃料電池《ねんりょうでんち》はしっかり動《うご》きつづけた。

初日《しょにち》は、どうなることかと思《おも》ったけれど、予定《よてい》していたテストはすべてクリアである。

「よくがんばった！」

根津《ねつ》唐《から》は、燃料電池《ねんりょうでんち》を思《おも》いきりほめて、抱《だ》きしめてやりたいくらいである。

来年《らいねん》、二〇一四年《ねん》は、パワーをもっと出《だ》しても燃料電池《ねんりょうでんち》がこわれることなく、ベーカー坂《ざか》を走《はし》れるようにする。開発計画《かいはつけいかく》は、ぎりぎりだが予定《よてい》どおりだ。

燃料電池《ねんりょうでんち》チームは、富士山《ふじさん》の八合《ごう》めまでやってきた。

6 気持《きも》ちよく運転《うんてん》できるようにする

「燃料電池自動車《ねんりょうでんちじどうしゃ》は、めずらしいから買《か》う人《ひと》はいる。でも、燃料電池自動車《ねんりょうでんちじどうしゃ》ということにあまえていては、いいクルマはできないよ。」

久留間《くるま》が、Z《ゼット》チームのリーダーになったとき、社長《しゃちょう》にいわれたことだ。

社長《しゃちょう》は、クルマが大好《だいす》きだ。まわりの人《ひと》に「やめてください！」と、とめられてもレースに出《で》ている。運転《うんてん》が大好《だいす》きなのである。

燃料電池自動車《ねんりょうでんちじどうしゃ》も、運転《うんてん》が楽《たの》しいから買《か》いたい！　と思《おも》ってもらえるクルマにしたい。

乗《の》り心地《ごこち》を決《き》めていくのは、性能実験部《せいのうじっけんぶ》である。

クルマは、きちんと調整《ちょうせい》をしないとまっすぐ走《はし》ることも、気持《きも》ちよくまがることもできないのだ。

性能実験部《せいのうじっけんぶ》でテストドライバーをつとめるのは、羽知道則《はしりみちのり》。

羽知《はしり》は、運転《うんてん》が好《す》きでトヨタに入《はい》った。そのあとも自分《じぶん》から手《て》をあげて、テストドライバーの訓練《くんれん》を受《う》けた。

羽知《はしり》たちがどう感《かん》じ、どう調整《ちょうせい》していくかで、クルマの楽《たの》しさが決《き》まる。もちろん、ちゃんとコンピュータでデータをとるけれど、最後《さいご》はやっぱり人《ひと》がどう感《かん》じるかだ。

羽知《はしり》が、初《はじ》めて燃料電池自動車《ねんりょうでんちじどうしゃ》にのったときはおどろいた。

「いままでのクルマとはまったくちがう。」

理由《りゆう》は、燃料電池《ねんりょうでんち》をのせた位置《いち》にあった。

重《おも》いものはクルマの真《ま》ん中《なか》にあるほうが、バランスがよくて運転《うんてん》しやすい。カーブでハンドルをきったとき、まがりたい方向《ほうこう》にすなおに向《む》きを変《か》えてくれるのだ。

エンジンで走《はし》るクルマのほとんどは、運転席《うんてんせき》より前《まえ》に重《おも》いエンジンがある。バランスがよくない。けれど、燃料電池《ねんりょうでんち》は運転席《うんてんせき》の床《ゆか》の下《した》、つまり、クルマの中心《ちゅうしん》に置《お》いてある。

しかも、低《ひく》い位置《いち》にあると、それだけでクルマはふらつかなくなる。

「のりやすい。いいじゃないか。これなら、調整《ちょうせい》もしやすそうだ。」

しかし、そこからが大変《たいへん》だった。

床《ゆか》の下《した》には、燃料電池《ねんりょうでんち》だけでなく、タンクやバッテリーなど、重《おも》いものをたくさん入《い》れる。すこしでもいい入《い》れ方《かた》をさがしているらしく、どれをどこに入《い》れるのかは、毎回《まいかい》、すこしずつちがうのだ。

「置《お》く場所《ばしょ》、変《か》えただろう？」

「あ、わかります？　今回《こんかい》は、タンクの位置《いち》をちょっとだけ前《まえ》に出《だ》したんです。」

場所《ばしょ》が変《か》わるたびに重《おも》さのバランスが変《か》わり、乗《の》り心地《ごこち》もちがってくる。羽知《はしり》たちの調《ちょう》整《せい》も、やりなおしである。

そんななか、とんでもない情報《じょうほう》が伝《つた》わってきた。

「発売《はつばい》が、二〇一四年《ねん》になったらしい！」

ちょっと待《ま》った！　おそくするならともかく、なぜ急《きゅう》に早《はや》める？

理由《りゆう》があった。

ライバルの自動車会社《じどうしゃがいしゃ》も、二〇一五年《ねん》に燃料電池自動車《ねんりょうでんちじどうしゃ》を発売《はつばい》するというのだ。

さきに出《だ》さなければ、世界初《せかいはつ》とはいえない。

二〇一四年《ねん》にまにあう可能性《かのうせい》がまったくないのなら、役員《やくいん》だってこんなむりな決定《けってい》はしないだろう。まにあうから、早《はや》めたのだ。

でもそれは、そうとうがんばらないとむりだ。

いきなり、時間《じかん》がなくなってきた。

羽知《はしり》は、燃料電池《ねんりょうでんち》チームのことを思《おも》った。まにあうのだろうか。ミギウデによると、燃《ねん》料電池《りょうでんち》チームは、二〇〇パーセントの力《ちから》を出《だ》しつづけているらしい。

時間《じかん》がないのは、自分《じぶん》たちだけではない。みんな、世界初《せかいはつ》のクルマをつくるために、全《ぜん》力以上《りょくいじょう》でやっているのだ。

「ハンドルをきったとき、まがりはじめるのがおそい。」

「時速《じそく》八十キロから、もっと気持《きも》ちよく加速《かそく》させたい。」

羽知《はしり》たちは、山道《やまみち》のようにくねくねとしたテストコースや、高速《こうそく》で走《はし》る周回《しゅうかい》コースで運《うん》転《てん》をくりかえし、その乗《の》り心地《ごこち》を伝《つた》えていく。

クルマのブレーキや、タイヤや、バネのようにクルマを支《ささ》えるサスペンションの担当者《たんとうしゃ》などが、どうすればもっと気持《きも》ちよく走《はし》れるかを考《かんが》えて手《て》を加《くわ》えていく。

ほかにも、テストドライバーたちが、さまざまなテストをしていた。

一日《いちにち》じゅう走《はし》る耐久性《たいきゅうせい》のテストもあれば、わざと凸凹《でこぼこ》にした道《みち》を何度《なんど》も何度《なんど》も走《はし》るテストもある。強《つよ》い横風《よこかぜ》がふいてきても、ふらつかないか。雨《あめ》にぬれた道《みち》でも、安全《あんぜん》に走《はし》れるか、ブレーキがちゃんときくかどうか。

気持《きも》ちよく運転《うんてん》できるクルマにするために。

性能実験部《せいのうじっけんぶ》の、走《はし》りこみがつづく。

5

色《いろ》をつくる

クルマの印象《いんしょう》は、ボディカラーで決《き》まります。世界初《せかいはつ》の燃料電池《ねんりょうでんち》自動車《じどうしゃ》にふさわしい、イメージカラーを決《き》めて、塗料《とりょう》をつくっていきます。

どんな素材《そざい》にぬるのか、どうぬるのかによっても、色《いろ》の見《み》え方《かた》は変《か》わるので、工場《こうじょう》もぬり方《かた》を考《かんが》えます。

1 酸素《さんそ》の色《いろ》って？

世界初《せかいはつ》の燃料電池自動車《ねんりょうでんちじどうしゃ》にふさわしいボディカラーは、どんな色《いろ》なのか。

色《いろ》を決《き》めるのは、カラーデザインチーム。カラーデザイナーの伊呂野虹太《いろのこうた》は、パソコンの前《まえ》で思《おも》いをめぐらせていた。

伊呂野《いろの》は、大学《だいがく》で経済《けいざい》を勉強《べんきょう》していた。それもアメリカの大学《だいがく》だ。大学《だいがく》が休《やす》みのときはクルマで走《はし》りまわり、そのたびに出会《であ》う雄大《ゆうだい》な景色《けしき》に見《み》とれた。季節《きせつ》がうつるたびに木々《きぎ》は色《いろ》を変《か》え、息《いき》をのむほどの美《うつく》しさだ。

いつのまにか、色《いろ》の魅力《みりょく》にはまっていた。

大学《だいがく》を卒業《そつぎょう》した伊呂野《いろの》は、さらに美術系《びじゅつけい》の大学《だいがく》に進《すす》み、念願《ねんがん》のカラーデザイナーになったのである。

燃料電池自動車《ねんりょうでんちじどうしゃ》。Z《ゼット》チームからいわれた色《いろ》のテーマは、水《みず》である。

水《みず》、水《みず》、水《みず》……。

伊呂野《いろの》は、目《め》の前《まえ》にあるペットボトルを見《み》た。半分《はんぶん》ほど残《のこ》っている水《みず》には色《いろ》がない。水《みず》は無色透明《むしょくとうめい》。これでは、クルマにぬることができない。

でも、海《うみ》はどうだろう。

おなじ水《みず》でも、海《うみ》の水《みず》は青《あお》く見《み》える。

太陽《たいよう》の光《ひかり》が海《うみ》の水《みず》にあたり、青《あお》い色《いろ》だけが見《み》えるようになるからだ。

「青《あお》か。」

水《みず》ときいて、だれもが思《おも》いうかべる色《いろ》は、やはり青《あお》だろう。

クレヨンや色《いろ》エンピツにも、水色《みずいろ》があるくらいだ。

伊呂野《いろの》は、考《かんが》えた。

燃料電池《ねんりょうでんち》は、水素《すいそ》と酸素《さんそ》が反応《はんのう》して電気《でんき》をつくる。

「水《みず》といえば水色《みずいろ》を思《おも》いうかべるけれど、酸素《さんそ》なら、どんな色《いろ》を思《おも》いうかべるんだろう？」

伊呂野《いろの》は、インターネットの検索《けんさく》サイトに、『酸素《さんそ》』『色《いろ》』と入《い》れてみる。いろんな画像《がぞう》が出《で》てきた。さらに、『エコロジー』『エコ』『空気《くうき》』『新鮮《しんせん》』……など、日本語《にほんご》だけでなく、英語《えいご》やラテン語《ご》など、思《おも》いつくかぎりの言葉《ことば》でさがしてみた。

すると、画像《がぞう》がならんだページのひとつに、青《あお》い液体《えきたい》が現《あらわ》れた。

「なんだ、これ？」

よく見《み》ると、化学《かがく》の実験《じっけん》で、酸素《さんそ》を液体《えきたい》にしたものらしい。

酸素《さんそ》も青《あお》い。ちょっとした大発見《だいはっけん》である。

「見《み》てください、これ！」

興奮《こうふん》して、まわりに声《こえ》をかける。

初《はじ》めて見《み》る、酸素《さんそ》の色《いろ》。その色《いろ》が青《あお》かったことに、みんなおどろいている。

「この色《いろ》、どうですか？」

伊呂野《いろの》が、問《と》いかける。燃料電池《ねんりょうでんち》に、酸素《さんそ》はなくてはならないものだ。酸素《さんそ》の青《あお》をぬったら話題《わだい》にもなる。

新《あたら》しいクルマには、新《あたら》しい色《いろ》が求《もと》められているのだ。

ただ、酸素《さんそ》の色《いろ》はすこし黄色《きいろ》がかった青《あお》をしていた。ターコイズ・ブルーのような青《あお》。きれいなのだが、『水《みず》』をテーマにしている燃料電池自動車《ねんりょうでんちじどうしゃ》の色《いろ》としては、ちがう気《き》がした。

「でも、水《みず》……って感《かん》じじゃないですよね。」

ほかのデザイナーたちも、おなじ意見《いけん》のようだった。集《あつ》まってきたデザイナーたちが、自分《じぶん》の席《せき》にもどっていく。

伊呂野《いろの》は、自然《しぜん》のなかで見《み》てきた青《あお》を思《おも》いだす。海《うみ》の青《あお》。空《そら》の青《あお》。湖《みずうみ》の青《あお》。どれも胸《むね》がしめつけられるほどきれいな色《いろ》だ。

そんな色《いろ》をつくりたい。

どんなものよりもきれいな、心《こころ》を奪《うば》われるような青《あお》にしたい。

世界初《せかいはつ》の燃料電池自動車《ねんりょうでんちじどうしゃ》に、世界《せかい》でいちばんきれいな青《あお》をぬる。

伊呂野《いろの》のあたまのなかに、色《いろ》のイメージが浮《う》かびあがった。


イメージがかたまると、塗料会社《とりょうがいしゃ》の担当者《たんとうしゃ》との打《う》ちあわせである。

「これくらい透明《とうめい》に。まじりけのないきれいな青《あお》に。」

見本《みほん》をいくつか用意《ようい》して、言葉《ことば》では説明《せつめい》できないことを伝《つた》えていく。

これまでにも青《あお》いクルマはある。でも、いままで見《み》たことのない青《あお》がいい。

『あのクルマとおなじ色《いろ》だね。』

そんなふうに、いわれたくないのだ。

すぐに、塗料会社《とりょうがいしゃ》の担当者《たんとうしゃ》が、いくつかの色《いろ》をつくってきた。

「どうでしょうか。」

色《いろ》の見本《みほん》は、はがきくらいの板《いた》にぬられている。

どれも、きれいな色《いろ》だ。イメージにかなり近《ちか》い色《いろ》もある。

「じゃあ、これで。」

そういいたいところだが、そうはいかない。色《いろ》づくりは、ここからがむずかしい。

クルマは、毎日《まいにち》、強《つよ》い太陽《たいよう》の光《ひかり》をあび、雨《あめ》にうたれ、風《かぜ》にさらされたりする。それでも、色《いろ》が落《お》ちたり、あせたりしてはいけない。

日本《にほん》だけならともかく、アメリカのデスバレーや、北極圏《ほっきょくけん》の近《ちか》くでのってもらうことを考《かんが》えると、暑《あつ》さや寒《さむ》さにも強《つよ》い塗料《とりょう》でなければならない。

「この色《いろ》は、きれいだけれど、日光《にっこう》に弱《よわ》い。」

「寒《さむ》さに強《つよ》い塗料《とりょう》で、この色《いろ》は出《だ》せないのか。」

どの塗料《とりょう》ならイメージどおりの色《いろ》が出《だ》せるのか、話《はな》しあっていく。


何度《なんど》もやりとりをし、基本《きほん》になる青《あお》い塗料《とりょう》ができた。

次《つぎ》は、パソコンのなかで、クルマのカタチのふくらんだところや、へこんだところの色《いろ》の出方《でかた》を決《き》めていく。

塗料《とりょう》に工夫《くふう》をすると輝《かがや》き方《かた》や、影《かげ》の暗《くら》い部分《ぶぶん》の見《み》え方《かた》を変《か》えることができるのだ。

伊呂野《いろの》が、パソコンを操作《そうさ》すると画伯《がはく》の考《かんが》えたデザインが、コンピュータ・グラフィックスの画像《がぞう》となって現《あらわ》れた。さらに操作《そうさ》すると、一瞬《いっしゅん》で、つくったばかりの青《あお》い塗料《とりょう》の色《いろ》になる。

「アメリカ、ニューヨーク、冬《ふゆ》の朝《あさ》八時《じ》……っと。」

伊呂野《いろの》が、さらに操作《そうさ》をつづけると、クルマの色《いろ》がわずかに変《か》わった。

いや、変《か》わったのはクルマの色《いろ》ではない。まわりの光《ひかり》が変《か》わっているのだ。

クルマの色《いろ》は、太陽《たいよう》の光《ひかり》があたる角度《かくど》や、空《そら》の明《あか》るさで見《み》え方《かた》が変《か》わる。そして、世界《せかい》じゅうの国《くに》ごとに、太陽《たいよう》の光《ひかり》の強《つよ》さが全部《ぜんぶ》ちがい、朝《あさ》や夕方《ゆうがた》、さらに季節《きせつ》によってもちがう。

パソコンのなかには、世界《せかい》の主《おも》な都市《とし》の光《ひかり》のデータが入《はい》っていた。

どの国《くに》の、どんな光《ひかり》のなかでも、きれいに見《み》えるクルマの色《いろ》をつくりたい。

「東京《とうきょう》、夏《なつ》、夕方《ゆうがた》の五時《じ》。」

夏《なつ》の夕方《ゆうがた》は、まだ明《あか》るいものの、わずかにオレンジ色《いろ》になりかけた光《ひかり》のなかで、クルマにぬった青《あお》がきれいに見《み》える。

「いい色《いろ》だけど、もっと、影《かげ》がでるといいね。」

伊《い》呂《ろ》野《の》の後《うし》ろから、先輩《せんぱい》デザイナーが声《こえ》をかける。

「こんな感《かん》じとか。」

伊《い》呂《ろ》野《の》が、パソコンを操作《そうさ》して影《かげ》のあたりをさらに暗《くら》くする。

「いいね。」

「このくらいのほうが、カタチがひきしまって見《み》えますね。塗料《とりょう》に、影《かげ》が出《で》る材料《ざいりょう》を入《い》れてもらいましょう。」

伊《い》呂《ろ》野《の》たちは、色《いろ》のイメージをつくりあげ、塗料会社《とりょうがいしゃ》と何度《なんど》も調整《ちょうせい》する。

クルマは、トヨタだけでは完成《かんせい》しない。塗料会社《とりょうがいしゃ》のほかにも、ウィンドーはガラス会《がい》社《しゃ》、シートの表面《ひょうめん》は、布《ぬの》をつくる会社《かいしゃ》、タイヤはタイヤ会社《がいしゃ》など、たくさんの会社《かいしゃ》が協力《きょうりょく》をしてくれている。

2 おなじ色《いろ》にぬるのは、むずかしい

伊《い》呂《ろ》野《の》たちが考《かんが》えたとおりの、きれいな青《あお》い塗料《とりょう》ができあがった。

いままでに見《み》たことのない、濃《こ》い青《あお》の色《いろ》。

カラーデザイナーの仕事《しごと》は、これで終《お》わりではない。

次《つぎ》は、クルマにぬったとき、ちゃんとイメージどおりの色《いろ》になるかどうかを確認《かくにん》しなければいけない。

クルマに色《いろ》をぬるときは、最初《さいしょ》に金属《きんぞく》がさびないようにさびどめをぬり、次《つぎ》に塗料《とりょう》をぬり、最後《さいご》に、クリアと呼《よ》ばれる透明《とうめい》な塗料《とりょう》をぬる。クリアは、かんたんに傷《きず》がついたり色《いろ》が落《お》ちたりしないようにするためだ。

ところが一台《だい》のクルマに、これらをおなじようにぬっても、ところどころちがう色《いろ》になってしまう。

クルマは、いろんな材料《ざいりょう》でできているからだ。

燃料電池自動車《ねんりょうでんちじどうしゃ》の場合《ばあい》、真正面《ましょうめん》の部分《ぶぶん》は、プラスチック。運転席《うんてんせき》より前《まえ》のボンネットは、金属《きんぞく》のなかでも軽《かる》いアルミニウム。ドアなどは鉄《てつ》でできている。

ちがう材料《ざいりょう》に、おなじ塗料《とりょう》を、おなじようにスプレーでふきつけても、おなじ色《いろ》には見《み》えない。これが、むずかしい。

とくに青《あお》という色《いろ》は、ちがいがわかりやすい色《いろ》だった。

「もうすこし、赤《あか》みを増《ふ》やしてもらえれば、おなじように見《み》えるんだけど。」

何度《なんど》工夫《くふう》してもおなじ青《あお》に見《み》えないため、工場《こうじょう》の塗装担当者《とそうたんとうしゃ》が、色《いろ》をすこしだけ変《か》えてほしいといってきた。

赤《あか》は、ちがいがわかりにくい色《いろ》なので、塗料《とりょう》に加《くわ》えてはどうかというのだ。

けれど、伊呂野《いろの》は反対《はんたい》した。

「せっかくきれいな青《あお》ができたんです。この色《いろ》でなんとかしてもらえないでしょうか。」

「そうか、もうすこしぬり方《かた》を考《かんが》えてみる。」

塗装《とそう》チームの試行錯誤《しこうさくご》がつづく。


色《いろ》の最終決定日《さいしゅうけっていび》が近《ちか》づいてきた。

塗装工場《とそうこうじょう》のわきに、関係者《かんけいしゃ》が集《あつ》まった。

Z《ゼット》チームは、久留間《くるま》とミギウデ。工場《こうじょう》の塗装責任者《とそうせきにんしゃ》。ほかに、営業部《えいぎょうぶ》や品質保証部《ひんしつほしょうぶ》、そして伊呂野《いろの》たちなど、全部《ぜんぶ》で十五人《にん》ほどである。

営業部《えいぎょうぶ》は、クルマを販売《はんばい》する担当《たんとう》だ。いい色《いろ》のクルマを売《う》りたいと、はりきっている。

一方《いっぽう》、品質保証部《ひんしつほしょうぶ》は、色《いろ》のクレームが出《で》たときに対応《たいおう》する担当《たんとう》だ。そうならないように目《め》を光《ひか》らせていた。

伊呂野《いろの》は、どきどきしながら塗装工場《とそうこうじょう》を見《み》つめていた。

塗装《とそう》されたクルマがあのなかにある。クルマといってもタイヤはなく、シートやハンドルもない。塗装《とそう》された外側《そとがわ》だけが、あのなかで登場《とうじょう》するのを待《ま》っている。

工場《こうじょう》のとびらがひらく。クルマは台車《だいしゃ》にのせられ、上《うえ》からは白《しろ》い布《ぬの》がかぶせられている。どんな色《いろ》になっているのか、まだわからない。

塗装担当者《とそうたんとうしゃ》がふたりで、ゆっくりと台車《だいしゃ》を押《お》してこちらに近《ちか》づいてきた。

伊呂野《いろの》の心臓《しんぞう》は、どきどきして破裂《はれつ》しそうだ。

台車《だいしゃ》は、全員《ぜんいん》の前《まえ》まできて止《と》められた。押《お》してきたふたりが、両脇《りょうわき》から白《しろ》い布《ぬの》をつかむ。息《いき》を合《あ》わせて、同時《どうじ》にさっとひっぱった。

目《め》の前《まえ》に現《あらわ》れる、青《あお》いクルマ。

太陽《たいよう》の光《ひかり》の下《した》で、深《ふか》い青《あお》が輝《かがや》いていた。

（よし！）

伊呂野《いろの》は、手《て》ごたえを感《かん》じていた。いい色《いろ》だ。世界初《せかいはつ》の燃料電池自動車《ねんりょうでんちじどうしゃ》の色《いろ》ですと、世《せ》界《かい》じゅうに胸《むね》をはっていえる色《いろ》だ。どこを見《み》ても、伊呂野《いろの》たちがつくったイメージどおりの色《いろ》にぬられている。

しかし、判断《はんだん》するのは自分《じぶん》たちではない。ほかの人《ひと》たちは、どう思《おも》っているのだろうか。

全員《ぜんいん》が、すこしずつクルマに近《ちか》づいていく。

十五人《にん》が、ぐるりとクルマをとりかこむ。

みんな、立《た》ったりしゃがんだり、反対側《はんたいがわ》にまわりこんだりと、忙《いそが》しく動《うご》いている。

見《み》る場所《ばしょ》を変《か》えると、色《いろ》の雰囲気《ふんいき》が変《か》わってくる。太陽《たいよう》の位置《いち》を確認《かくにん》しながら、直接《ちょくせつ》、あたっているところはどうか、影《かげ》になったところならどうなのかとたしかめているのだ。

工場《こうじょう》の塗装責任者《とそうせきにんしゃ》は、クルマの下《した》のほうまでのぞきこみながら、アルミと鉄《てつ》、プラスチックの部分《ぶぶん》で、色《いろ》がおなじになっているかどうか確認《かくにん》している。

品質保証部《ひんしつほしょうぶ》は、色《いろ》にちがいはないか、色《いろ》の見《み》え方《かた》はどうかと、顔《かお》がクルマにつくくらいに近《ちか》づけて、じっと見《み》つめている。

（いやいや、ふつうのお客《きゃく》さんは、そこまで見《み》ないから！）

伊呂野《いろの》は、なにか悪《わる》いことをみつけられるのではないかと、ひやひやである。

全員《ぜんいん》が、納得《なっとく》するまで見《み》たことをたしかめて、久留間《くるま》がいった。

「よし。各部《かくぶ》の意見《いけん》をまとめよう。まず、カラーデザインチーム。望《のぞ》みどおりの色《いろ》、出《で》ていますか？」

「みなさんのおかげで、出《で》ています！」

伊呂野《いろの》は、大《おお》きな声《こえ》で答《こた》えた。

みなさんのおかげ、とくに塗装《とそう》チームには、ほんとうにがんばってもらった。イメージどおりの色《いろ》を、こんなにきれいにぬってくれて感謝《かんしゃ》の気持《きも》ちしかない。

「Z《ゼット》チームは、どう？」

久留間《くるま》の問《と》いに、ミギウデが答《こた》える。

「きれいな色《いろ》です。この色《いろ》でいきたいです！」

「塗装工場《とそうこうじょう》は？」

「ちゃんとぬれるか心配《しんぱい》なところもありますが、がんばります！」

「営業部《えいぎょうぶ》は？」

「これで売《う》り出《だ》せると思《おも》います！」

「品質保証部《ひんしつほしょうぶ》？」

「問題《もんだい》ありません！」

全員《ぜんいん》が、賛成《さんせい》した。

久留間《くるま》が、宣言《せんげん》する。

「みなさんのおかげでいい色《いろ》ができました。ありがとうございました！」

6

名《な》前《まえ》は大《たい》切《せつ》なプレゼント

生《う》まれてきた赤《あか》ちゃんへの、最初《さいしょ》のプレゼントが名前《なまえ》であるように、クルマにも、これからたくさんの人《ひと》に愛《あい》されるすてきな名前《なまえ》をつけてあげたい。

世界《せかい》で初《はじ》めての燃料電池《ねんりょうでんち》自動車《じどうしゃ》、世界《せかい》じゅうを走《はし》るクルマにふさわしい名前《なまえ》を、何百《なんびゃく》もの候補《こうほ》を出《だ》して選《えら》んでいきます。

1 世界《せかい》じゅうの人《ひと》に愛《あい》される名前《なまえ》を

営業部《えいぎょうぶ》の井伊名奈子《いいななこ》は、燃料電池自動車《ねんりょうでんちじどうしゃ》をやりたくて、トヨタ自動車《じどうしゃ》に入社《にゅうしゃ》した。

学生時代《がくせいじだい》、雑誌《ざっし》で目《め》にした研究中《けんきゅうちゅう》の燃料電池自動車《ねんりょうでんちじどうしゃ》。いつか発売《はつばい》されるはずの、このクルマに関係《かんけい》する仕事《しごと》をしたい。そう思《おも》ったのだ。

クルマは便利《べんり》だけれど、二酸化炭素《にさんかたんそ》を出《だ》す。

でも、燃料電池自動車《ねんりょうでんちじどうしゃ》なら、環境《かんきょう》にもやさしい。

ただ、せっかくいいクルマを開発《かいはつ》しても、数台《すうだい》だけでは効果《こうか》は出《で》ない。

開発《かいはつ》したあと、何万台《なんまんだい》もつくって世界《せかい》じゅうに売《う》ることができる会社《かいしゃ》。そうなると、トヨタしか考《かんが》えられなかった。

就職活動《しゅうしょくかつどう》はうまくいかず、何度《なんど》泣《な》いたかわからない。ほかは全部《ぜんぶ》、だめだったのに、第《だい》一志望《しぼう》のトヨタだけが内定《ないてい》をくれた。

運命《うんめい》だと思《おも》った。

とはいうものの、やりたい仕事《しごと》をすぐにやらせてもらえるほど世《よ》の中《なか》はあまくない。

かんじんの、燃料電池《ねんりょうでんち》の開発計画《かいはつけいかく》がどうなっているのかさえ、わからなくなった時期《じき》もある。

「もう、開発《かいはつ》はしていないのかな。燃料電池自動車《ねんりょうでんちじどうしゃ》の仕事《しごと》をするのは、やっぱりむりなのかな。」

そうあきらめたときもあった。

入社《にゅうしゃ》して十年以上《ねんいじょう》たち、名奈子《ななこ》が営業部《えいぎょうぶ》に異動《いどう》してきたときだ。これから数年間《すうねんかん》のあいだに出《で》るクルマ一覧表《いちらんひょう》のなかに、燃料電池自動車《ねんりょうでんちじどうしゃ》があった。

「開発《かいはつ》、つづけていたんだ！」

ずっと忘《わす》れかけていた、トヨタに入社《にゅうしゃ》したときの気持《きも》ちがよみがえる。部長《ぶちょう》にうったえた。

「わたしに、燃料電池自動車《ねんりょうでんちじどうしゃ》を担当《たんとう》させてください！」

営業部《えいぎょうぶ》は、クルマを売《う》ることが仕事《しごと》である。売《う》る前《まえ》の大《おお》きな仕事《しごと》のひとつが、発売《はつばい》されるクルマに名前《なまえ》をつけることだ。

いい名前《なまえ》、世界《せかい》じゅうの人《ひと》に愛《あい》される名前《なまえ》をつけてあげたい。

ただ、世界《せかい》じゅうの人《ひと》に、というのはむずかしい。

販売《はんばい》する国《くに》によって名前《なまえ》を変《か》えるクルマもあるが、燃料電池自動車《ねんりょうでんちじどうしゃ》は、全世界《ぜんせかい》でひとつの名前《なまえ》で売《う》ることが決《き》まっている。

そうなると、どこの国《くに》のクルマにも使《つか》われていない名前《なまえ》でなくてはならない。

名前《なまえ》には、商標《しょうひょう》（売《う》るときに使《つか》う名前《なまえ》）を登録《とうろく》する制度《せいど》がある。

さきに名前《なまえ》をつけた人《ひと》が商標《しょうひょう》の登録《とうろく》をすると、『この名前《なまえ》は、うちのクルマ以外《いがい》は使《つか》ってはいけません。』となる。早《はや》い者勝《ものが》ちだ。

この制度《せいど》は、乗《の》りものや食《た》べものなど、種類《しゅるい》ごとに分《わ》けられている。『プリウス』という名前《なまえ》は、ほかのクルマにはつけられないけれど、新作《しんさく》のチョコレートにならつけてもいい。プリウスという名前《なまえ》が、食《た》べもので商標登録《しょうひょうとうろく》されていなければ。

名前《なまえ》をつける作業《さぎょう》は、たくさんの候補《こうほ》を出《だ》すことからはじまる。

いいと思《おも》った名前《なまえ》を出《だ》す。とにかく出《だ》す。

「いくつ考《かんが》えてきた？」

名奈子《ななこ》は、朝《あさ》、同僚《どうりょう》と顔《かお》を合《あ》わせると、そうたずねるのが日課《にっか》になった。

少《すく》なくとも一〇〇、できれば二〇〇個《こ》の候補《こうほ》を出《だ》しておきたい。

名前《なまえ》は日本《にっぽん》だけでなく、ヨーロッパとアメリカの営業部《えいぎょうぶ》もそれぞれ、一〇〇〜二〇〇個《こ》の候補《こうほ》を出《だ》すことになっている。日本《にっぽん》、ヨーロッパ、アメリカの担当者《たんとうしゃ》が集《あつ》まって確認《かくにん》すると、名前《なまえ》の候補《こうほ》は、全部《ぜんぶ》で五〇〇個《こ》をこえていた。

ここから手分《てわ》けをして、国《くに》ごとに商標登録《しょうひょうとうろく》されていないかどうかのチェックである。燃《ねん》料電池自動車《りょうでんちじどうしゃ》を販売《はんばい》する国《くに》を全部調《ぜんぶしら》べるとなると、二十か国《こく》をこえる。ものすごい作業《さぎょう》だが、やらないわけにはいかない。

商標登録《しょうひょうとうろく》のほかに、ネガティブ・チェックもある。ネガティブ・チェックは、へんな言《こと》葉《ば》じゃないか調《しら》べることだ。

世界《せかい》の国《くに》では、さまざまな言葉《ことば》が使《つか》われている。日本語《にほんご》でいい言葉《ことば》だと思《おも》っても、発音《はつおん》するとほかの国《くに》では、へんな意味《いみ》に思《おも》われることがある。

たとえば、世界一高《せかいいちたか》い山《やま》は、英語《えいご》ではエベレスト、チベット語《ご》ではチョモランマだが、ネパール語《ご》ではサガルマータと呼《よ》ばれている。

日本《にっぽん》でサガルマータと呼《よ》ぶ人《ひと》が少《すく》ないのは、なんだかちょっとちがうものを想像《そうぞう》してしまうからだ。

このように、どこの国《くに》の言葉《ことば》できいても、おかしな意味《いみ》にとらえられない言葉《ことば》をさがすのだが、これがまたとんでもなく大変《たいへん》な作業《さぎょう》なのだった。

五〇〇個以上《こいじょう》あった候補《こうほ》も、商標登録《しょうひょうとうろく》の確認《かくにん》とネガティブ・チェックをすると、二十個《こ》ほどになってしまう。いいと思《おも》う名前《なまえ》のほとんどは、すでに商標登録《しょうひょうとうろく》されているのだ。

「アクア、いい名前《なまえ》なんだけどなあ。」

名奈子《ななこ》がつぶやく。

ラテン語《ご》で、水《みず》という意味《いみ》のアクア。水《みず》をテーマにする燃料電池自動車《ねんりょうでんちじどうしゃ》にはぴったりだと思《おも》うのだが、すでに、トヨタのハイブリッドカーにつけられていた。

名奈子《ななこ》は、自分《じぶん》で考《かんが》えた『クラス』という名前《なまえ》も候補《こうほ》に入《い》れていた。クラスは、ラテン語《ご》で明日《あす》、という意味《いみ》だ。クルマを英語《えいご》で書《か》くと『CARS《カーズ》』だが、そのアルファベットを『CRAS《クラス》』とならべかえてみたのだ。

　しかし、こんなにがんばって候補《こうほ》を出《だ》したというのに、社長《しゃちょう》や役員《やくいん》たちがおこなったネーミング会議《かいぎ》では、いい名前《なまえ》なしということになった。もういちど、やりなおしである。

2 もう一回《かい》、もう一回《かい》！

「決《き》まらなかった？」

やりなおしときいて、名奈子《ななこ》はひざから力《ちから》がぬけそうになった。あの大変《たいへん》な作業《さぎょう》を、また最初《さいしょ》からやりなおすのか。

もういちどということは、一回《かい》めで出《だ》した名前《なまえ》は使《つか》えないということだ。あれ以外《いがい》に、どんな名前《なまえ》をさがせばいいというのか。

それでも、やるしかない。

二回《かい》めのネーミング会議《かいぎ》のために、名奈子《ななこ》たちが出《だ》した名前《なまえ》は二〇〇個《こ》。ヨーロッパとアメリカを合《あ》わせて五〇〇個《こ》以上《いじょう》。しかし、また商標登録《しょうひょうとうろく》の確認《かくにん》とネガティブ・チェックをすると、六個《こ》しか残《のこ》らなかった。

「どうか、社長《しゃちょう》たちが気《き》にいってくれる名前《なまえ》がありますように。」

名奈子《ななこ》は、祈《いの》る思《おも》いで候補《こうほ》を提出《ていしゅつ》した。

二回《かい》めのネーミング会議《かいぎ》がひらかれ、名前《なまえ》が決《き》まった。

『＊＊＊』である。（企業秘密《きぎょうひみつ》なので、ないしょ！）

名奈子《ななこ》は、いい名前《なまえ》だと思《おも》った。大変《たいへん》な作業《さぎょう》を、二回《かい》もやったかいがあったというものだ。

選《えら》ばれた名前《なまえ》は、社長《しゃちょう》が書類《しょるい》にサインをすることで正式《せいしき》に決定《けってい》する。営業《えいぎょう》の担当役員《たんとうやくいん》と営業部長《えいぎょうぶちょう》が、書類《しょるい》を持《も》って社長室《しゃちょうしつ》に向《む》かった。

差《さ》しだした書類《しょるい》を、社長《しゃちょう》が受《う》けとる。机《つくえ》の上《うえ》に置《お》いて、社長《しゃちょう》がいつもサインをするときに使《つか》う、太《ふと》くて重《おも》そうなペンをにぎった。あとは、サインをすれば決《き》まりである。

ところが、書類《しょるい》の上《うえ》で社長《しゃちょう》のペンをにぎる手《て》が止《と》まる。そしてつぶやいた。

「この名前《なまえ》で、ほんとうにいいのかな。」

担当役員《たんとうやくいん》と営業部長《えいぎょうぶちょう》が、社長《しゃちょう》を見《み》つめる。社長《しゃちょう》も、顔《かお》を上《あ》げてふたりの目《め》を見《み》た。

「いい名前《なまえ》だと思《おも》う。みんなで考《かんが》えて決《き》めた、いい名前《なまえ》なんだ。でも、発表会《はっぴょうかい》でこのクルマが登場《とうじょう》したときの場面《ばめん》を思《おも》いうかべると……、ほんとうにこの名前《なまえ》でいいのかな。」

わずかな沈黙《ちんもく》が流《なが》れる。

担当役員《たんとうやくいん》が、口《くち》をひらいた。

「もう一回《かい》、やらせてください。」

となりで、営業部長《えいぎょうぶちょう》も力強《ちからづよ》くうなずいている。すこしでも迷《まよ》いがあるのなら、立《た》ちどまる勇気《ゆうき》も必要《ひつよう》だ。

いまならまだ、まにあう。

「あと三か月《げつ》、ください。」

すでに、予定《よてい》より遅《おく》れている。それをさらに三か月《げつ》、遅《おく》らせようというのだ。けれど、その言葉《ことば》に社長《しゃちょう》はうなずいた。

「たのんだぞ。」

名奈子《ななこ》のところに連絡《れんらく》が入《はい》った。

「もう一回《かい》やる。」

えーっ、またなのお？

名奈子《ななこ》は、たおれそうになった。二回《かい》やっても決《き》まらなかったのだ。あれよりいい名前《なまえ》なんて、残《のこ》っているわけがない。

頭《あたま》が、くらくらした。

でも、そんなことはいっていられない。名前《なまえ》が決《き》まらなければ、カタログもつくれない。ホームページもテレビコマーシャルもつくれない。なにもはじめられないのだ。

名奈子《ななこ》は、名前《なまえ》のアイディアとなりそうなものを、かたっぱしから見《み》ていった。雑誌《ざっし》、歌《うた》の歌詞《かし》、ネーミング辞典《じてん》、ハワイ語辞典《ごじてん》、化粧品《けしょうひん》の名前《なまえ》。いまはやっている言葉《ことば》や、女性《じょせい》に好《この》まれている言葉《ことば》。男性《だんせい》ならどうなのか、発音《はつおん》したときに、きれいにきこえる言葉《ことば》はどんなものがあるのか。

さがしながら、もうこれ以上《いじょう》はむりだと、心《こころ》のどこかで思《おも》う自分《じぶん》がいる。でも、なんとかいい名前《なまえ》をみつけたいという気持《きも》ちもある。

締《し》めきりはもう、とっくに過《す》ぎている。しかも、発売《はつばい》は予定《よてい》より、一年《ねん》も早《はや》くなっているのだ。発売前《はつばいまえ》は、やることがたくさんあるというのに、いったいどうなってしまうのだろう。

名奈子《ななこ》は、頭《あたま》を整理《せいり》してもういちど考《かんが》えた。

社長《しゃちょう》は、燃料電池自動車《ねんりょうでんちじどうしゃ》について、どういうイメージを持《も》っているのだろう。二回《かい》めで決《き》まった名前《なまえ》では、どうしてだめだったのだろう？

社長《しゃちょう》がいっていたことを、記憶《きおく》からひっぱりだす。

「こういうの、いいね。」

社長《しゃちょう》がそういった名前《なまえ》のなかに、『オアシス』があった。

だれもが知《し》っている言葉《ことば》。きいただけですぐに、楽園《らくえん》を思《おも》いうかべることができる、シンプルでわかりやすい名前《なまえ》。

「そうか。そのまま、まっすぐに思《おも》いを伝《つた》えればいいんだ。」

名奈子《ななこ》は考《かんが》えた。

伝《つた》えたい思《おも》いって、なんだろう。

東日本大震災《ひがしにほんだいしんさい》のあと、日本人《にっぽんじん》が大切《たいせつ》にしている絆《きずな》。

これからくる、二〇二〇年《ねん》の東京《とうきょう》オリンピックに向《む》けて描《えが》く、夢《ゆめ》や希望《きぼう》。

燃料電池《ねんりょうでんち》の研究《けんきゅう》に人生《じんせい》をかけてきた技術者《ぎじゅつしゃ》たちは、燃料電池自動車《ねんりょうでんちじどうしゃ》が走《はし》る日《ひ》を待《ま》ちのぞんでいたはずだ。

二十年以上前《ねんいじょうまえ》に彼《かれ》らが思《おも》いえがいた未来《みらい》が、すぐそこに来《こ》ようとしている。

未来《みらい》。

「ミライだ！」

名奈子《ななこ》のなかに、ミライという言葉《ことば》がしっかりと輝《かがや》いて見《み》える。

技術者《ぎじゅつしゃ》が、夢《ゆめ》にまで見《み》た未来《みらい》。

これから、このクルマとともに、わたしたちが描《えが》く未来《みらい》。

「部長《ぶちょう》！　ミライにしたいです！」

営業部長《えいぎょうぶちょう》にかけよって伝《つた》えた。候補《こうほ》にしたい理由《りゆう》を説明《せつめい》すると、部長《ぶちょう》も大《おお》きくうなずいてくれた。

「日本《にっぽん》の営業部《えいぎょうぶ》は、ミライを第《だい》一候補《こうほ》にしよう。」

第《だい》三回《かい》、ネーミング会議《かいぎ》。

会議室《かいぎしつ》では、社長《しゃちょう》、営業担当役員《えいぎょうたんとうやくいん》、ヨーロッパの担当役員《たんとうやくいん》、アメリカの担当役員《たんとうやくいん》など、十人《にん》ほどがテーブルをかこんでいた。

数時間後《すうじかんご》。会議《かいぎ》に出《で》ていた営業部長《えいぎょうぶちょう》から、名奈子《ななこ》のもとに電話《でんわ》がかかってきた。

「決《き》まったぞ。ミライだ。」

命名《めいめい》。ＭＩＲＡＩ《ミライ》。

7

トラブル発生《はっせい》

発売《はつばい》まで、あとすこし。ところが、燃料電池《ねんりょうでんち》にトラブルが発生《はっせい》！
ミライは、発売日《はつばいび》にまにあうのでしょうか？

1 試作車《しさくしゃ》ができた！

二〇一四年《ねん》、春《はる》。

ミライの試作車《しさくしゃ》、第《だい》一号《ごう》ができあがった。

画伯《がはく》の描《か》いたデザイン。真正面《ましょうめん》は、冷却《れいきゃく》チームと徹底的《てっていてき》にやりあってつくりあげた、大《おお》きな逆三角形《ぎゃくさんかくけい》の開口部《かいこうぶ》が印象的《いんしょうてき》だ。ユニークな形《かたち》にまとめられたヘッドライトから、後《うし》ろへまっすぐに伸《の》びた黒《くろ》いラインが、スタイルをひきしめている。

全体《ぜんたい》は、カラーデザインチームが提案《ていあん》した青《あお》い色《いろ》にぬられ、ドアをひらくとはっとするインテリアが目《め》に入《はい》る。

床下《ゆかした》には、燃料電池《ねんりょうでんち》と水素《すいそ》タンク。タンクいっぱいに水素《すいそ》を入《い》れれば、六五〇キロメートルも走《はし》れるようになっていた。

そして、外《そと》からは見《み》えないけれど性能実験部《せいのうじっけんぶ》が、それぞれのチームといっしょになってきたえあげた、モーター、ブレーキ、サスペンションといったさまざまな部品《ぶひん》が、くみこまれている。

いままでは、担当《たんとう》する部分《ぶぶん》をそれぞれが開発《かいはつ》してきたけれど、ついに一台《だい》のクルマにまとめられたのである。

この試作車《しさくしゃ》で、最後《さいご》の仕上《しあ》げのためのテストをおこなう。そして、数《すう》か月後《げつご》には設計図《せっけいず》がつくられ、工場《こうじょう》での生産《せいさん》がはじまるのだ。

二〇一四年《ねん》の発売《はつばい》に向《む》けて、ゴールが見《み》えてきた。

「なんかへんだと思《おも》わないか。」

Z《ゼット》チームの部屋《へや》で久留間《くるま》が、首《くび》をかしげながらつぶやく。

「やっぱり、そうですよね。」

久留間《くるま》が考《かんが》えていることを、理解《りかい》したミギウデがうなずいた。

トラブルが、起《お》きていない。順調《じゅんちょう》すぎるのだ。

意見《いけん》がぶつかったり、それぞれのチームに、もっとがんばれということはあった。でも、それはトラブルとはいえない。目標《もくひょう》を高《たか》くして、つきすすんでいるだけだ。

燃料電池自動車《ねんりょうでんちじどうしゃ》という、未知《みち》の世界《せかい》に挑戦《ちょうせん》しているのだ。もっと、びっくりするようなトラブルが出《で》てきてもいいはずなのに。

真剣《しんけん》な顔《かお》で、考《かんが》えこんでいた久留間《くるま》だが、ふと思《おも》いだしたように明《あか》るい声《こえ》を出《だ》した。

「トラブルっていったら、あれだなあ。役員《やくいん》にテストコースでのってもらったら、コースのど真《ま》ん中《なか》で止《と》まったくらいか。」

「あのときは、あせりましたよ。」

ミギウデも、そのときを思《おも》いだして苦笑《にがわら》いする。

燃料電池自動車《ねんりょうでんちじどうしゃ》の開発《かいはつ》が進《すす》み、役員《やくいん》にたしかめてもらおうとしたときだ。

高速《こうそく》で走《はし》る周回《しゅうかい》コース。ちょうど久留間《くるま》やミギウデのいる反対側《はんたいがわ》の、いちばん遠《とお》くて見《み》えないところで、役員《やくいん》の運転《うんてん》する燃料電池自動車《ねんりょうでんちじどうしゃ》が止《と》まったのだ。

「おい、もどってこないぞ?」

「事故《じこ》ったか?」

最初《さいしょ》は冗談《じょうだん》まじりにいっていたものの、ほんとうにもどってこない。すると、無線《むせん》から、役員《やくいん》といっしょにのっていた技術者《ぎじゅつしゃ》の声《こえ》がした。

『すみませーん。止《と》まりました。だれか、むかえにきてください。』

その場《ば》にいた全員《ぜんいん》が凍《こお》りつく。目《め》を大《おお》きくひらいて、顔《かお》を見《み》あわせた。

「だれかむかえにいけ。早《はや》くーっ!」

「あのときは、生《い》きた心地《ここち》がしませんでした。」

ミギウデが、そのときを思《おも》いだして、ぐったり疲《つか》れた表情《ひょうじょう》になる。

ふだんなら、ものすごく怒《おこ》られるところだが、役員《やくいん》は、

「しっかりやるように。」

と、いっただけだった。

みんな、燃料《ねんりょう》電池《でんち》自動車《じどうしゃ》をつくることが、大変《たいへん》だとわかっているのだ。

話《はなし》をしながら笑《わら》っていた久留間《くるま》が、ふたたび真剣《しんけん》な顔《かお》にもどった。

「必《かなら》ず、発売日《はつばいび》までになにか起《お》きるぞ。覚悟《かくご》しておけ。」

2 燃料《ねんりょう》電池《でんち》が動《うご》かない？

「できたねえ。」

ハカセたちの燃料《ねんりょう》電池《でんち》チームは、次々《つぎつぎ》とおそいかかってきた魔物《まもの》とのたたかいをほとんど終《お》えていた。

残《のこ》るは、アメリカでの酷暑《こくしょ》テストで、最終確認《さいしゅうかくにん》をするだけである。

すでに国内《こくない》の実験《じっけん》では、いい結果《けっか》が出《で》ていた。アメリカでのテストもうまくいくはずだ。

テストが全部終《ぜんぶお》われば、燃料電池《ねんりょうでんち》の開発《かいはつ》は一段落《いちだんらく》し、ここから設計図《せっけいず》をつくってもらう。あとは工場《こうじょう》で生産《せいさん》し、販売《はんばい》するだけだ。

もちろん、燃料電池《ねんりょうでんち》は、もっといいものにしていく。次《つぎ》の目標《もくひょう》は、もっと小《ちい》さくて、もっと性能《せいのう》が出《で》る燃料電池《ねんりょうでんち》。すでに、その方法《ほうほう》も考《かんが》えはじめている。

けれどいまは、発売日《はつばいび》の前《まえ》におとずれる、ほんのわずかな平和《へいわ》な時間《じかん》だった。

ハカセは、あのときに見《み》た、まっ白《しろ》な富士山《ふじさん》を思《おも》いだす。

頂上《ちょうじょう》まで、あとちょっと。あれほど遠《とお》いと思《おも》っていたのに、もう登《のぼ》るところがなくなってしまうと思《おも》うと、さみしい気分《きぶん》すらする。

そんなときに、とんでもない連絡《れんらく》が入《はい》ってきた。

「役員《やくいん》が、ちゃんと走《はし》らないといっているらしいぞ。」

「なに？」

「走《はし》らないってどういうことだ？」

ハカセたちはすぐに、試作車《しさくしゃ》を手配《てはい》した。試作車《しさくしゃ》は、すでに何台《なんだい》もつくられていて、あちこちの部署《ぶしょ》でさまざまなテストがおこなわれている。

そのうちの一台《だい》、公道《こうどう》を走《はし》れるようにナンバープレートのついたクルマを、なんとか借《か》りだしてのりこんだ。

「なんか、へんだな。」

一般道《いっぱんどう》を運転《うんてん》しながら、ハカセがつぶやく。

助手席《じょしゅせき》と後《うし》ろの席《せき》に座《すわ》った燃料電池《ねんりょうでんち》チームの技術者《ぎじゅつしゃ》たちも、真剣《しんけん》な顔《かお》で音《おと》や振動《しんどう》におかしなところがないか感《かん》じとろうとしている。

「高速道路《こうそくどうろ》を走《はし》ってみよう。」

ハカセはそのまま、東名高速道路《とうめいこうそくどうろ》に入《はい》った。

「加速《かそく》してみる。」

ハカセはそういいながら、じわりとアクセルペダルをふむ。

「やっぱり、おかしい。」

ハカセが、こんどははっきりといった。

アクセルペダルをふんだときの、速度《そくど》のあがり方《かた》がにぶい。ミライのよさは、燃料電池《ねんりょうでんち》自動車《じどうしゃ》ならではの、すうっとクルマが前《まえ》に進《すす》んでいく、気持《きも》ちのいい加速《かそく》なのだ。なのに、そのよさがでていない。

パワーが、一〇〇から九十になった感《かん》じ。ふつうの人《ひと》には、わからないかもしれないけれど、これまで何度《なんど》ものってきたハカセにはわかる。

これじゃ、だめだ。このまま売《う》るわけにはいかない！

「大問題《だいもんだい》になるぞ。」

ハカセのひとことで、試作車《しさくしゃ》のなかは静《しず》まりかえった。

研究所《けんきゅうじょ》にもどったハカセが、燃料電池《ねんりょうでんち》チームを集《あつ》めて伝《つた》えた。

「工場《こうじょう》を、とめてもらう。」

その言葉《ことば》が、どれほどの意味《いみ》を持《も》つのか、その場《ば》にいた全員《ぜんいん》がかみしめていた。くやしくて、涙《なみだ》が出《で》そうだ。

ここまできたのに。

富士山《ふじさん》の頂上《ちょうじょう》まで、あとすこしだったのに。

足《あし》をすべらせ、かたく凍《こお》りついた雪《ゆき》の上《うえ》を転《ころ》がりおちていく。

3 時間《じかん》をつくれ！

ハカセは、久留間《くるま》のもとに走《はし》った。電話《でんわ》やメールで、すむ話《はなし》じゃない。

「パワーが出《で》ていないクルマがみつかった。」

「ええーっ！」

久留間《くるま》は、次《つぎ》の言葉《ことば》が出《で》てこない。トラブルなく終《お》われるわけがないと思《おも》ってはいたが、それがまさか、いちばん大事《だいじ》な燃料電池《ねんりょうでんち》だなんて。

さあ、どうする。

「どんな状態《じょうたい》なの？」

久留間《くるま》は、ハカセに状況《じょうきょう》をたずねた。

「原因《げんいん》がわからない。設計《せっけい》ミスなのか、使《つか》っている材料《ざいりょう》が悪《わる》いのか、それともつくったときに、おかしなことになったのか。」

いちばん、やっかいな状況《じょうきょう》だった。

「あやしいものを、すべてつぶしていく。そのために時間《じかん》がほしい。この手順《てじゅん》でやっていけば、必《かなら》ず原因《げんいん》をつきとめられる。」

ハカセが示《しめ》した紙《かみ》には、原因《げんいん》をつきとめるためのスケジュールが書《か》かれていた。

しかし、今年《ことし》じゅうに発売《はつばい》するために、数《すう》か月後《げつご》には工場《こうじょう》でつくりはじめることになっている。その前《まえ》には、設計図《せっけいず》をつくらなければならない。それに設計図《せっけいず》をつくる前《まえ》にも、試作車《しさくしゃ》でおこなうテストがぎっしりつまっているのだ。

それらをどう、調整《ちょうせい》するか……。

「わかった。時間《じかん》は、なんとかする。」

久留間《くるま》は、ハカセにいった。なんとかする。いや、なんとかしてみせる。

「ありがとう！　必《かなら》ず原因《げんいん》をつきとめる！」

ハカセは、小走《こばし》りでもどっていった。


燃料電池《ねんりょうでんち》チームのために、時間《じかん》をつくる。

ピンチのときこそ、Z《ゼット》チームがふんばるときである。

燃料電池《ねんりょうでんち》チームの技術者《ぎじゅつしゃ》たちは、技術開発《ぎじゅつかいはつ》だけをこつこつとやってきた、まじめな人《ひと》たちだ。この二年半《ねんはん》のあいだは、二〇〇パーセントの力《ちから》で走《はし》りつづけて、もうへろへろな状《じょう》態《たい》なのだ。

これ以上《いじょう》、追《お》いつめられたら、たおれてしまう。

Z《ゼット》チームの仕事《しごと》は、転《ころ》んだりたおれそうになったりしている人《ひと》を助《たす》けおこし、ゴールまで誘導《ゆうどう》するようなもの。

おれたちがついている。がんばれ！

久留間《くるま》はすぐに、常務《じょうむ》のもとへ向《む》かった。

自分《じぶん》を、ミライのリーダーに指名《しめい》した、あの常務《じょうむ》である。問題《もんだい》が大《おお》きすぎる。万《まん》が一《いち》、二〇一四年《ねん》の発売《はつばい》にまにあわなかったら、久留間《くるま》では責任《せきにん》がとりきれない。

「燃料電池《ねんりょうでんち》にトラブルが出《で》ました。」

久留間《くるま》は、燃料電池《ねんりょうでんち》のパワーが落《お》ちている試作車《しさくしゃ》があることを説明《せつめい》する。

もしかしたら、ふつうの人《ひと》にはわからないかもしれない。でも、買《か》ってくれる人《ひと》には、いちばんいいものを届《とど》けたい。

「わかった。」

常務《じょうむ》の思《おも》いもおなじだった。

もしも、このまま発売《はつばい》して、あとでもっとトラブルが出《で》たら、燃料電池自動車《ねんりょうでんちじどうしゃ》は使《つか》いものにならないといわれてしまう。

これまでに、多《おお》くの技術者《ぎじゅつしゃ》たちが、人生《じんせい》をかけて燃料電池自動車《ねんりょうでんちじどうしゃ》を開発《かいはつ》してきた。自分《じぶん》たちは、世《よ》の中《なか》に出《だ》すための最後《さいご》の仕事《しごと》をまかされただけなのだ。その最後《さいご》の最後《さいご》に、イメージを下《さ》げるようなことはできない。

ミライは、燃料電池自動車《ねんりょうでんちじどうしゃ》の未来《みらい》をたくされているのだ。

「社長《しゃちょう》には、おれから説明《せつめい》する。ぜったいに原因《げんいん》をつきとめろ。そして、二〇一四年《ねん》の発《はっ》売《ばい》にまにあわせる。いいな。」

「はい！」

そう答《こた》えたものの、久留間《くるま》は不安《ふあん》になってきいてみた。

「もし、二〇一四年《ねん》に発売《はつばい》できないことになったら、どうしますか？」

常務《じょうむ》は、なにもいわず笑顔《えがお》を見《み》せた。技術者《ぎじゅつしゃ》たちを信《しん》じているのだ。ぜったいに、そんなことにはならないと。

久留間《くるま》は、その表情《ひょうじょう》を見《み》て勇気《ゆうき》が出《で》てきた。そして思《おも》わず、くだけた口調《くちょう》になる。

「そのときは、いっしょにあやまってくださいよ。」

「もちろん！」

久留間《くるま》は頭《あたま》を下《さ》げて、常務室《じょうむしつ》を出《で》る。Ｚ《ゼット》チームの部屋《へや》へもどったときは、腹《はら》がすわっていた。

発売《はつばい》が遅《おく》れたら、世界《せかい》じゅうのトヨタの関係者《かんけいしゃ》に土下座《どげざ》してまわってやる！

4 チームの底力《そこぢから》

久留間《くるま》は、Ｚ《ゼット》チームを集《あつ》めてテストの日程《にってい》を調整《ちょうせい》するように指示《しじ》をだした。

壁《かべ》にぶつけて安全性《あんぜんせい》をたしかめるテストや、ドアを何万回《なんまんかい》も開《あ》け閉《し》めするテストは、燃《ねん》料電池《りょうでんち》の性能《せいのう》は関係《かんけい》ない。試作車《しさくしゃ》をやりくりして、時間《じかん》をつくりだすのだ。

時間《じかん》をもらった燃料電池《ねんりょうでんち》チームは、原因《げんいん》をつきとめることに集中《しゅうちゅう》していた。

なにが原因《げんいん》なのか、わからない。しらみつぶしに調《しら》べていくしかない。

いくつかの燃料電池《ねんりょうでんち》だけの問題《もんだい》なのか、ほかの試作車《しさくしゃ》でもパワーが落《お》ちているものがあるのか。それは、どんな運転《うんてん》をしていると起《お》きるのか。

どうやって調《しら》べる？　人《ひと》が足《た》りないぞ。

その役《やく》は、テストドライバーたちが、買《か》ってでた。

「おれたちが確認《かくにん》する。そのあいだに、ほかの仕事《しごと》を進《すす》めろ！」

最後《さいご》の最後《さいご》で、総力戦《そうりょくせん》だ。

これまで築《きず》いてきたチームワークが、ここで生《い》きてくる。

なによりみんな、クルマが好《す》きで好《す》きでたまらない。世界初《せかいはつ》の燃料電池自動車《ねんりょうでんちじどうしゃ》を、自分《じぶん》たちがつくっているという誇《ほこ》りが、全員《ぜんいん》をつきうごかしていた。

「思《おも》いだせ。いつもとはちがうことをやっていなかったか。なんでもいい！」

「部品《ぶひん》を運《はこ》ぶとき、台車《だいしゃ》にのせてゆれたとか。」

「全部《ぜんぶ》、おなじ運《はこ》び方《かた》だぞ？」

「いや、ゆれ方《かた》がちがうのがあったかもしれない。」

「となりの研究棟《けんきゅうとう》の壁《かべ》をぬりなおしていた。そのときの空気《くうき》がエアコンから入《はい》って、おかしくなったとか。」

「なんでこんな時期《じき》に、ぬっているんだよ！」

「いや、湿度《しつど》はどうだ。雨《あめ》の日《ひ》と晴《は》れの日《ひ》では、湿度《しつど》がちがう。」

「天気《てんき》か！」

「とにかく全部《ぜんぶ》だ。全部《ぜんぶ》、調《しら》べてくれ！」

落《お》ちこんでいるヒマなどなかった。やるしかない。燃料電池《ねんりょうでんち》チームを、なめるなよ。これまでどれだけ、やってきたと思《おも》っているんだ。このくらい、ぜったいのりこえてみせる。

燃料電池《ねんりょうでんち》チームは、ハカセのスケジュールどおり作業《さぎょう》を進《すす》めた。しかし、約束《やくそく》の日《ひ》になっても原因《げんいん》はつきとめられなかった。

「すまない。」

ハカセのもうしわけなさそうな表情《ひょうじょう》に、久留間《くるま》は笑《わら》って答《こた》えた。

「大丈夫《だいじょうぶ》だ。まだ、時間《じかん》はある。原因《げんいん》をつきとめることだけを考《かんが》えてくれ。」

正直《しょうじき》なところ、時間《じかん》はなかった。

でも、ぜったいなんとかする。それがZ《ゼット》チーム、そして、久留間《くるま》の仕事《しごと》なのだ。

時間《じかん》がなければ、つくる。

人《ひと》が足《た》りなければ、仲間《なかま》を増《ふ》やす。

予算《よさん》がなければ、知恵《ちえ》を出《だ》す。

のりこえた人《ひと》だけが、世界初《せかいはつ》をつくりだすことができる。

Ｚ《ゼット》チームは、全体《ぜんたい》スケジュール表《ひょう》をにらみ、どこをどうすればさらに時間《じかん》がかせげるか考《かんが》えた。

時間《じかん》がなかったのでできませんでした、なんて、ぜったいにいいたくない。

そんなことになったら、燃料電池《ねんりょうでんち》チームのせいになってしまう。ちがう。もしもまにあわなければ、それは時間《じかん》をつくれなかった久留間《くるま》たちの責任《せきにん》だ。

この状況《じょうきょう》で時間《じかん》をつくることは、かわいたぞうきんを、しぼるようなものだ。でも、きっとまだ、しぼれば水《みず》が出《で》てくるはずだ。いや、しぼりだす。

二回《かい》めの約束《やくそく》の日《ひ》が近《ちか》づいてきた。

燃料電池《ねんりょうでんち》チームのまわりには、異様《いよう》な空気《くうき》が流《なが》れていた。そのとき。

「これじゃないですか？」

技術者《ぎじゅつしゃ》のひとりが、あるデータを持《も》ってハカセのところに走《はし》ってきた。うたがったのは、燃料電池《ねんりょうでんち》のなかにある部品《ぶひん》のひとつだった。

「かなり、あやしいな。」

データを見《み》ながら、ハカセがつぶやく。すべての条件《じょうけん》が、あてはまっている。テストをくりかえすと、まちがいないことがわかった。

「これか。あとは、どう対策《たいさく》するかだな。」

原因《げんいん》がみつかっても、どう直《なお》すか。それをみつけなければ、燃料電池《ねんりょうでんち》を世《よ》の中《なか》に送《おく》りだすわけにはいかない。燃料電池《ねんりょうでんち》チームは、対策《たいさく》を考《かんが》える。そして、その対策《たいさく》でいいかどうかをたしかめるテストにとりかかった。

二回《かい》めの約束《やくそく》の日《ひ》になった。

「原因《げんいん》はみつかった。対策方法《たいさくほうほう》もわかった。でも、この対策《たいさく》でほんとうにいいのかどうか、一〇〇パーセントの自信《じしん》がない。」

ハカセの報告《ほうこく》をきいた久留間《くるま》は、うなずいた。こうなればとことんつきあってやる。

かわいたぞうきんは、しぼりすぎてもうボロボロだ。

そして、三回《かい》めの約束《やくそく》の日《ひ》。

ハカセから連絡《れんらく》がきた。

「久留間《くるま》さん、大丈夫《だいじょうぶ》だ。これでいける！」

「ありがとう！」

さすがの久留間《くるま》たちも、三回《かい》めでできなかったら、次《つぎ》に打《う》つ手《て》がないところだった。

「いやあ、よくできたなあ。」

「ぎりぎりでしたね。」

ミギウデたちが、久留間《くるま》のまわりに集《あつ》まる。

ここまでのピンチをのりこえられたのは、世界初《せかいはつ》をつくるという誇《ほこ》りとチーム力《りょく》だ。

あいつのために。

こいつがやるのなら、なんとかしてやりたい。

全員《ぜんいん》が、そう感《かん》じていた。


二〇一四年《ねん》六月《がつ》二十五日《にち》。

東京《とうきょう》では、テレビや新聞《しんぶん》、雑誌《ざっし》など多《おお》くのマスコミを集《あつ》めて、新型車発表会《しんがたしゃはっぴょうかい》のように盛《せい》大《だい》な、燃料電池自動車《ねんりょうでんちじどうしゃ》の説明会《せつめいかい》がひらかれることになった。

もうすぐ出《だ》しますと、トヨタの本気《ほんき》を伝《つた》えるのだ。

同時《どうじ》に、燃料電池自動車《ねんりょうでんちじどうしゃ》が走《はし》るために必要《ひつよう》な、水素《すいそ》ステーションをつくってほしいと、水素《すいそ》を売《う》る燃料会社《ねんりょうかいしゃ》などに呼《よ》びかけるのである。

説明会《せつめいかい》を前《まえ》に、Z《ゼット》チームは、そわそわしていた。

「副社長《ふくしゃちょう》は、発売日《はつばいび》についてなんていうつもりなんだ？」

「二〇一四年《ねん》と、二〇一四年度《ねんど》では、大《おお》きなちがいだぞ。」

二〇一四年《ねん》は、十二月《がつ》三十一日《にち》までだが、二〇一四年度《ねんど》は、三月《がつ》三十一日《にち》までだ。三か月《げつ》ちがう。

つなわたりではあるものの、十二月《がつ》までに出《だ》せる自信《じしん》はある。けれど夏《なつ》には、ベーカー坂《ざか》でのテストが残《のこ》っている。

ほかにも、何台《なんだい》もの試作車《しさくしゃ》が、世界《せかい》じゅうの道《みち》を走《はし》りまわって最終《さいしゅう》のテストをしているのだ。このさきまた、なにが起《お》こるかわからない。

このぎりぎりな状況《じょうきょう》で、三か月《げつ》あるかないかは大《おお》きなちがいだ。

説明会《せつめいかい》の前《まえ》に久留間《くるま》は、副社長《ふくしゃちょう》にたのみこんだ。

「たのみます。せめて、発売《はつばい》を二〇一四年度《ねんど》、といってください。」

「わかった、わかった。二〇一四年度《ねんど》っていうよ。」

どこかにくめない性格《せいかく》の久留間《くるま》が、わざと困《こま》った顔《かお》をしているのを見《み》て、副社長《ふくしゃちょう》は笑《わら》って約束《やくそく》してくれた。

発表会《はっぴょうかい》の当日《とうじつ》。

副社長《ふくしゃちょう》が、ステージの上《うえ》でいった。

「トヨタは、二〇一四年度《ねんど》ちゅうに、燃料電池自動車《ねんりょうでんちじどうしゃ》を発売《はつばい》いたします！」

まだ、名前《なまえ》は秘密《ひみつ》だ。ミライとはいわない。そして、たしかに二〇一四年度《ねんど》といってくれた。

でも、久留間《くるま》の耳《みみ》には、十二月《がつ》までにと告《つ》げられたようにしかきこえない。

あと半年《はんとし》。

最後《さいご》のカウントダウンがはじまった。

8

つくるための技術《ぎじゅつ》

おなじ設計図《せっけいず》でも、つくり方《かた》が悪《わる》ければいいクルマはできません。市販車《しはんしゃ》がよくなるかどうかのカギは、つくり方《かた》を考《かんが》える製造《せいぞう》技術部《ぎじゅつぶ》と、クルマをつくっていく工場《こうじょう》の人《ひと》たちがにぎっています。

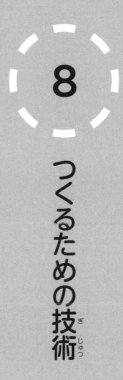

1 つくり方《かた》を考《かんが》える

鉄板《てっぱん》をどう加工《かこう》すれば、設計図《せっけいず》どおりのきれいなデザインにつくれるのか。

インテリアの部品《ぶひん》と部品《ぶひん》のすきまは、どうすれば、毎回《まいかい》おなじ幅《はば》で組《く》みたてられるのか。

燃料電池《ねんりょうでんち》は、どうやってクルマの床下《ゆかした》に置《お》くのか。複雑《ふくざつ》な手順《てじゅん》ではミスが出《で》る。ミスのないようにするには、どうすればいいのか。

家《いえ》をたてるとき、腕《うで》のいい大工《だいく》さんはさまざまなコツを知《し》っているように、クルマもつくり方《かた》で、できがちがってくる。

できあがった設計図《せっけいず》から、いいクルマがつくれるかどうかは、ちょっとしたコツをとりいれながらつくり方《かた》を考《かんが》える製造技術部《せいぞうぎじゅつぶ》と、つくりあげていく工場《こうじょう》にかかっている。

燃料電池《ねんりょうでんち》のトラブルが解決《かいけつ》して設計図《せっけいず》もできあがり、工場《こうじょう》は生産《せいさん》をはじめていた。

まだ、売《う》るためのクルマではなく、カタログやコマーシャルの撮影用《さつえいよう》、販売店《はんばいてん》のスタッフが勉強《べんきょう》のためにのるものや、整備士《せいびし》が、整備《せいび》を練習《れんしゅう》するために使《つか》うものなどだ。

ミライの発売日《はつばいび》は、十二月《がつ》十五日《にち》。価格《かかく》は、六七〇万円《まんえん》に決定《けってい》した。

そのひと月前《つきまえ》の十一月《がつ》十八日《にち》には、正式《せいしき》な発表会《はっぴょうかい》をおこなうことも決《き》まった。

発表会《はっぴょうかい》の日《ひ》が決《き》まったことで広報部《こうほうぶ》は、発表会《はっぴょうかい》よりさきに、マスコミに向《む》けた試乗会《しじょうかい》をおこなうことにした。

発売前《はつばいまえ》のミライにのってもらい、『もうすぐ発売《はつばい》。』とテレビや雑誌《ざっし》、インターネットなどで紹介《しょうかい》してもらうのだ。

燃料電池自動車《ねんりょうでんちじどうしゃ》を、もりあげていくのである。

試乗会《しじょうかい》をおこなうのには、もうひとつ理由《りゆう》がある。記者《きしゃ》たちから感想《かんそう》をきくためだ。発《はっ》売《ばい》する前《まえ》にきいて、もっとよくできるところがあるなら、すこしでもよくしたい。

試乗会《しじょうかい》は、サーキットのような場所《ばしょ》を借《か》りきっておこなわれた。

Z《ゼット》チームは、このときミライにちょっとだけ細工《さいく》をした。

工場《こうじょう》で決《き》めたつくり方《かた》とはべつに、クルマの骨格《こっかく》をつなぎ合《あ》わせる部分《ぶぶん》に、接着剤《せっちゃくざい》をぬってもらったのである。

家《いえ》の柱《はしら》と柱《はしら》を、しっかりとつなぐと地震《じしん》に強《つよ》い家《いえ》になるように、クルマも骨格《こっかく》となる鉄《てつ》の部分《ぶぶん》をぴったりとくっつけると、ゆれに強《つよ》くなり走《はし》りやすくなる。

効果《こうか》は絶大《ぜつだい》だった。

みんな、とても気持《きも》ちよく運転《うんてん》できるという。

「この接着剤《せっちゃくざい》、売《う》るためのクルマにも、使《つか》ってもらえないだろうか。」

久留間《くるま》は考《かんが》えた。もうつくり方《かた》が決《き》まったことは知《し》っているが、こんなに効果《こうか》があるなら、ぜひともやってもらいたい。

むりを承知《しょうち》で役員《やくいん》にかけあったところ、許可《きょか》が出《で》た。

あとは、製造技術部《せいぞうぎじゅつぶ》が、やってくれるかどうかだ。

接着剤《せっちゃくざい》を使《つか》えば、そのぶんの作業《さぎょう》が増《ふ》える。工場《こうじょう》での流《なが》れ作業《さぎょう》のなかに、入《い》れることができるのだろうか。

2 もっといいクルマに！

「運転《うんてん》しやすくなる？」

製造技術部《せいぞうぎじゅつぶ》の作手弥太郎《さくてやたろう》は、久留間《くるま》の言葉《ことば》に好奇心《こうきしん》いっぱいの表情《ひょうじょう》で答《こた》えた。

「試乗会《しじょうかい》では、とても好評《こうひょう》だった。役員《やくいん》の許可《きょか》もとった。」

「だったら、やらないわけにはいかないだろう。」

作手《さくて》は、まかせておけと胸《むね》をたたいた。

ミライをすこしでもいいクルマにしたい。みんな、思《おも》いはおなじなのだ。

ところが数日後《すうじつご》、久留間《くるま》のもとに、作手《さくて》から連絡《れんらく》が入《はい》った。

「もうしわけない。どうしても接着剤《せっちゃくざい》がぬれないところがある。」

接着剤《せっちゃくざい》は、骨格《こっかく》をつなげるところに全部《ぜんぶ》、ぬらなければいけないのだが、いまの手順《てじゅん》では、奥《おく》のほうに届《とど》かないというのだ。

手順《てじゅん》を、全部《ぜんぶ》変《か》えるのは不可能《ふかのう》だった。

「そうですか……。」

「約束《やくそく》したのに、すまない。」

残念《ざんねん》だが、できないものはしかたがない。久留間《くるま》があきらめようとしたとき、作手《さくて》は、久留間《くるま》が思《おも》ってもいなかったことをいいだした。

「接着剤《せっちゃくざい》はむりだが、そのかわりにスポット溶接《ようせつ》を多《おお》くする。そうすれば、接着剤《せっちゃくざい》とおなじ効果《こうか》が出《で》ることがわかった。それで手《て》を打《う》ってもらえないだろうか。」

久留間《くるま》は、おどろいて作手《さくて》の顔《かお》を見《み》た。

スポット溶接《ようせつ》は、骨格《こっかく》どうしをつなげるときに、熱《あつ》い棒《ぼう》ではさみ、鉄《てつ》を溶《と》かしながらくっつけていく作業《さぎょう》である。くっつける位置《いち》と数《かず》が決《き》まっていて、コンピュータでプログラムされた機械《きかい》が流《なが》れるような速《はや》さでおこなうのだが、それを増《ふ》やすというのだ。

「いやいや、ちょっと待《ま》ってください。そのほうが大変《たいへん》ですから、できるわけないでしょう？」

久留間《くるま》は、あわてて首《くび》を横《よこ》にふる。

「できるよ。」

「いや、そうはいっても……。」

久留間《くるま》は、大変《たいへん》さを想像《そうぞう》して、どうしても受《う》けいれることができない。すると、作手《さくて》は、大《おお》きな声《こえ》でいった。

「おれが、やるっていったらやるんだよ！　まかせてくれ！」

ミライのために、みんながさらにもう一歩《いっぽ》ずつ、前《まえ》に進《すす》もうとしていた。

9

発表《はっぴょう》!

発表会《はっぴょうかい》は、ミライをみんなに紹介《しょうかい》する大切《たいせつ》な日《ひ》。おおぜいの人《ひと》で準備《じゅんび》をします。

会場《かいじょう》を決《き》め、マスコミに招待状《しょうたいじょう》を出《だ》し、当日《とうじつ》わたすための資料《しりょう》をつくり、カタログを手配《てはい》し、だれがなにを説明《せつめい》するかのシナリオをつくり、ステージにあるスクリーンで映《うつ》す映像《えいぞう》をつくり、ステージで見《み》せるミライを工場《こうじょう》から運《はこ》びこみ、スポットライトをどうあてたらきれいに見《み》えるか、などなど、やることがたくさんあります。

研究所《けんきゅうじょ》ではたらく技術者《ぎじゅつしゃ》だけでなく、本社《ほんしゃ》ではたらくたくさんの担当者《たんとうしゃ》もいっしょに力《ちから》を合《あ》わせて、この日《ひ》をむかえます。

1 発表会《はっぴょうかい》

二〇一四年《ねん》十一月《がつ》十八日《にち》。

発表会《はっぴょうかい》の会場《かいじょう》には、入《はい》りきれないほどの人《ひと》が集《あつ》まっている。

世界初《せかいはつ》の燃料電池自動車《ねんりょうでんちじどうしゃ》に、みんな期待《きたい》をしてくれているのだ。

ステージの上《うえ》には、工場《こうじょう》がつくりあげたミライの姿《すがた》があった。スポットライトの光《ひかり》をあびて青《あお》い色《いろ》がきれいに輝《かがや》き、ミライのデザインをいっそう印象的《いんしょうてき》にしている。

これまで多《おお》くの技術者《ぎじゅつしゃ》が、夢《ゆめ》にまで見《み》た燃料電池自動車《ねんりょうでんちじどうしゃ》が、まさにいま、世《よ》の中《なか》に送《おく》りだされようとしていた。

ステージの上《うえ》で、最初《さいしょ》にあいさつした副社長《ふくしゃちょう》に紹介《しょうかい》され、久留間《くるま》はステージに立《た》った。

会場《かいじょう》を見《み》わたす。

さらに、会場《かいじょう》の奥《おく》に立《た》っている人《ひと》たちに目《め》を向《む》ける。

顔《かお》ははっきり見《み》えないけれど、まちがいなくそこには、Zチーム《ゼット》、燃料電池《ねんりょうでんち》チーム、デザインチームをはじめとする、ともに開発《かいはつ》をしてきた、仲間《なかま》の姿《すがた》があるはずだ。

そして、この会場《かいじょう》にはきていないけれど、ずっといっしょに走《はし》りつづけてきた一〇〇人《にん》をこえる開発者《かいはつしゃ》たち。

みんな、どんな思《おも》いでこの日《ひ》をむかえているだろう。

ハカセたちは、ついに富士山《ふじさん》の山頂《さんちょう》に立《た》ったのだ。

どんな気持《きも》ちで、ステージの上《うえ》にあるミライを見《み》つめているのだろう。

トラブルもあった。

でも、どうしてもやりきるんだと、全員《ぜんいん》が信念《しんねん》を持《も》っていた。

約束《やくそく》の、二〇一四年《ねん》にまにあった。

次《つぎ》の一〇〇年《ねん》に向《む》けてのクルマを、つくることができた。

駆《か》けぬけた三年間《ねんかん》、だれかひとり欠《か》けても、この日《ひ》をむかえることはできなかった。

こうしていま、自分《じぶん》ひとりがステージの上《うえ》にいるけれど、全員《ぜんいん》をこの場所《ばしょ》にひっぱりあげたいくらいだ。

久留間《くるま》は、ステージの中央《ちゅうおう》に立《た》って前《まえ》を向《む》き、集《あつ》まった人《ひと》たちに、そしていっしょに開《かい》発《はっ》してきた仲間《なかま》に深《ふか》く頭《あたま》を下《さ》げた。

2 帰《かえ》りの新幹線《しんかんせん》のなかで

多《おお》くの関係者《かんけいしゃ》が集《あつ》まった発表会《はっぴょうかい》の会場《かいじょう》に、名奈子《ななこ》も営業《えいぎょう》の担当者《たんとうしゃ》としてきていた。会場《かいじょう》の片《かた》すみからステージを見《み》あげ、副社長《ふくしゃちょう》が、

「名前《なまえ》は、ミライです！」

と、紹介《しょうかい》したときは、感激《かんげき》して泣《な》きそうになった。

前日《ぜんじつ》まで、残業《ざんぎょう》をつづけて資料《しりょう》をつくり、発表会当日《はっぴょうかいとうじつ》は日帰《ひがえ》りで名古屋《なごや》から駆《か》けつけた。

朝《あさ》から営業《えいぎょう》の担当役員《たんとうやくいん》とずっといっしょに行動《こうどう》して、緊張《きんちょう》のしっぱなしだったが、発表《はっぴょう》会《かい》が終《お》わり、ひとりになるとようやく緊張《きんちょう》がほぐれてきた。

東京駅《とうきょうえき》で軽《かる》く夕食《ゆうしょく》をすませたあと、名古屋《なごや》にもどる新幹線《しんかんせん》にのる。

朝《あさ》、東京《とうきょう》にくるときは、新幹線《しんかんせん》のなかもはりつめた空気《くうき》が感《かん》じられたが、夜《よる》の新幹線《しんかんせん》は、仕事《しごと》を終《お》えたビジネスマンでいっぱいだ。みんな、弁当《べんとう》を広《ひろ》げたり、軽《かる》くビールを飲《の》んだりと、朝《あさ》とはまったくべつの雰囲気《ふんいき》だった。

新幹線《しんかんせん》が、東京駅《とうきょうえき》を出発《しゅっぱつ》する。

ようやく終《お》わった。疲《つか》れているけれど、家《いえ》にもどれるという安心感《あんしんかん》に包《つつ》まれる。

ふと視線《しせん》を前《まえ》に向《む》けると、赤《あか》い光《ひかり》が動《うご》いているのが目《め》に入《はい》った。

文字《もじ》が流《なが》れるように映《うつ》しだされ、車内《しゃない》の電光掲示板《でんこうけいじばん》が、最新《さいしん》のニュースを伝《つた》えている。

『ミライ……。』

「えっ！」

いま、たしか、ミライって？

名奈子《ななこ》は、あわててバッグのなかに手《て》をつっこみ、スマートフォンをつかんだ。

電光掲示板《でんこうけいじばん》のニュースは、二回《かい》、くりかえされるのだ。もういちど出《で》てくるはず。証拠《しょうこ》の写真《しゃしん》を撮《と》らなくては！

名奈子《ななこ》がスマートフォンのカメラをかまえていると、ふたたび、文字《もじ》が流《なが》れはじめた。

『燃料電池自動車《ねんりょうでんちじどうしゃ》、ミライを発表《はっぴょう》した。』

シャッターを切《き》る。何度《なんど》も切《き》る。

シャッター音《おん》がひびいて、となりの客《きゃく》が不思議《ふしぎ》そうに顔《かお》を向《む》けていることなど、名奈子《ななこ》が気《き》づくはずもない。

シャッターを切《き》りおわったとたん、涙《なみだ》があふれてきた。

ミライ、発表《はっぴょう》。

技術者《ぎじゅつしゃ》たちの夢《ゆめ》、トヨタの挑戦《ちょうせん》が、ついに形《かたち》となり走《はし》りだした。
二酸化炭素《にさんかたんそ》を出《だ》さないクルマ。
ガソリンや軽油《けいゆ》がなくなっても、走《はし》れるクルマ。
ミライはこれからの未来《みらい》を、変《か》えていく。
クルマの未来《みらい》。
地球《ちきゅう》の未来《みらい》。
わたしたちの未来《みらい》。
ミライは、これからどんな未来《みらい》を見《み》せてくれるのだろうか。

あとがき

私《わたし》のもうひとつの職業《しょくぎょう》は、モータージャーナリストです。クルマにのって、「気持《きも》ちよく運転《うんてん》できますよ。」とか、「こんな最新《さいしん》の技術《ぎじゅつ》が使《つか》われていますよ。」と、雑誌《ざっし》やインターネットなどで紹介《しょうかい》する仕事《しごと》です。

新《あたら》しいクルマが出《で》るたびに試乗《しじょう》するので、これまでにのったクルマは、一〇〇〇台《だい》をこえています。クルマが好《す》きな私《わたし》にとって、こんなに幸《しあわ》せなことはありません。

今回《こんかい》は、私《わたし》の大好《だいす》きなクルマが開発《かいはつ》されていく様子《ようす》を追《お》いかけました。しかも、世界初《せかいはつ》の燃料電池自動車《ねんりょうでんちじどうしゃ》です。

世界初《せかいはつ》ということは、いままでだれも、つくっていないということ。なにもないところからなにかをつくるのは、とてもたいへんなことです。情熱《じょうねつ》と忍耐《にんたい》と努力《どりょく》と……とにかく、ものすごくがんばらないと、世界初《せかいはつ》のものはつくれません。

ミライは、ほんとうに多《おお》くの人《ひと》が、悩《なや》んだり、迷《まよ》ったり、ぶつかりあったりしながら、

「自動車《じどうしゃ》の次《つぎ》の一〇〇年《ねん》のために。」を合言葉《あいことば》に、つくられていきました。

この本《ほん》に書《か》いてあるのは、その開発《かいはつ》のほんの一部《いちぶ》です。

このほかにも、ブレーキとか、ヘッドライトとか、ハンドルとか、スイッチとか、シートとか、モーターとか、バッテリーとか、エアコンとか、サスペンションとか、ミライ用《よう》のカーナビとか、とにかくミライについているすべてのものには、開発《かいはつ》した人《ひと》がいます。開発《かいはつ》だけではありません。

クルマをつくるために、鉄《てつ》やアルミなどを買《か》ってくる人《ひと》。タイヤやガラスを手配《てはい》する人《ひと》。販売店《はんばいてん》でミライを売《う》る人《ひと》。ミライを整備《せいび》をする人《ひと》。広報《こうほう》する人《ひと》。カタログをつくったり、テレビコマーシャルをつくったりする人《ひと》。ちょっとかわったところでは、燃料電池自動車《ねんりょうでんちじどうしゃ》という、まったく新《あたら》しいクルマを公道《こうどう》で走《はし》らせるために、国土交通省《こくどこうつうしょう》に説明《せつめい》して許可《きょか》をもらう、という担当《たんとう》の人《ひと》もいます。たくさんの、いろんな人《ひと》の力《ちから》が集《あつ》まって、ミライは世《よ》の中《なか》に送《おく》りだされたのです。

この本《ほん》に登場《とうじょう》する人《ひと》たちは、そのなかのほんの一部《いちぶ》の人《ひと》です。しかも、ハカセさんやミギウデさんなどは、ひとりの人《ひと》ではなく、何人《なんにん》もの開発者《かいはつしゃ》の方《かた》をぎゅっとひとりにさせていただきました。もちろん名前《なまえ》は仮名《かめい》です。作手弥太郎《さくてやたろう》さんは、読《よ》み方《かた》を変《か》えると「つくってやったろう」さんになります。気《き》づきましたか？

本《ほん》のなかには、こうして名前《なまえ》や登場人物《とうじょうじんぶつ》たちのように、事実《じじつ》とちがう部分《ぶぶん》があります。全部《ぜんぶ》をずら一っと書《か》いてしまうと、一冊《さつ》におさまりきらなくなるし、それに、ほんとうにほんとうのことを書《か》いてしまうと、ご迷惑《めいわく》がかかりそうな部分《ぶぶん》（企業秘密《きぎょうひみつ》ってやつね）は書《か》いていません！　そして、私《わたし》の取材不足《しゅざいぶそく》、表現力不足《ひょうげんりょくぶそく》のところもあります。

責任《せきにん》は、すべて私《わたし》に！

でも、すごくたくさんの人《ひと》が、協力《きょうりょく》していること。そして、大人《おとな》でも、トヨタの人《ひと》でも、失敗《しっぱい》したりつまずいたりしながら、それでも仲間《なかま》を信《しん》じて、最後《さいご》まであきらめずにがんばったから、すごいことができたんだよってことが、伝《つた》わったらうれしいです。


さいごに私《わたし》からのお願《ねが》いです。

クルマは、楽《たの》しくて便利《べんり》なもの。生活《せいかつ》を、ゆたかにするための乗《の》り物《もの》です。でも、交通《こうつう》事故《じこ》は、たくさん起《お》きています。

約束《やくそく》してください。

クルマにのったら、後《うし》ろの席《せき》に座《すわ》ってもシートベルトをすること。小学生《しょうがくせい》でも、かけたシートベルトが首《くび》にかかっちゃう背《せ》の低《ひく》い子《こ》は、学童用《がくどうよう》というジュニアシートがあるので、それを使《つか》ってください。シートベルトは命《いのち》を守《まも》る、命《いのち》づなです。安全《あんぜん》を担当《たんとう》する開発《かいはつ》の人《ひと》が、みんなのために、一所懸命《いっしょけんめい》、作《つく》ったものだということを思《おも》いだしてください。

そして、青信号《あおしんごう》で横断歩道《おうだんほどう》をわたるときも、右折《うせつ》や左折《させつ》をしてくるクルマがいます。信号無視《しんごうむし》で走《はし》ってくるクルマも、いるかもしれません。必《かなら》ずまわりのクルマが速度《そくど》を落《お》としたことを見《み》てから、わたるようにしてください。

自転車《じてんしゃ》にのるときは、ヘルメットをつけること。夜《よる》、走《はし》るときは、クルマのヘッドライトに反射《はんしゃ》して光《ひか》るテープなどがついた目立《めだ》つ服装《ふくそう》で。もちろん、スマホを見《み》ながら自転車《じてんしゃ》にのってはだめですよ！

私《わたし》の大好《だいす》きなクルマで、みんなが楽《たの》しい思《おも》い出《で》をたくさん、つくれますように。

そして、いつかこの本《ほん》を読《よ》んだだれかが、多《おお》くの人《ひと》がよろこぶクルマを開発《かいはつ》してくれたら、すてきだなって思《おも》います。

二〇一六年《ねん》六月《がつ》　岩貞《いわさだ》るみこ

燃料電池《ねんりょうでんち》と自動車《じどうしゃ》のあゆみ・世《よ》の中《なか》のできごと

1769年《ねん》　蒸気自動車《じょうきじどうしゃ》の発明《はつめい》［仏《フランス》キュニョー］

1775年《ねん》　アメリカ独立戦争《どくりつせんそう》

1801年《ねん》　**燃料電池《ねんりょうでんち》のしくみ発見《はっけん》［英《イギリス》デービー］**

1876年《ねん》　ガソリンエンジンの発明《はつめい》［独《ドイツ》オットー］

1886年《ねん》　ガソリン自動車《じどうしゃ》の開発《かいはつ》（独《ドイツ》ベンツ社《しゃ》）

1908年《ねん》　量産型乗用車《りょうさんがたじょうようしゃ》「T型《ティーがた》フォード」発表《はっぴょう》（米《アメリカ》フォード社《しゃ》）

1912年《ねん》　ストックホルムオリンピックに日本初参加《にっぽんはつさんか》

1914年《ねん》　第一次世界大戦勃発《だいいちじせかいたいせんぼっぱつ》

1915年《ねん》　「T型《ティーがた》フォード」生産台数《せいさんだいすう》100万台突破《まんだいとっぱ》（米《アメリカ》フォード社《しゃ》）

1918年《ねん》　第一次世界大戦終結《だいいちじせかいたいせんしゅうけつ》

1920年《ねん》　国際連盟設立《こくさいれんめいせつりつ》

1923年《ねん》　関東大震災《かんとうだいしんさい》

1936年《ねん》　「ＡＡ型《エーエーがた》」乗用車《じょうようしゃ》の生産開始《せいさんかいし》（豊田自動織機製作所《とよだじどうしょっきせいさくしょ》 自動車部《じどうしゃぶ》）

1937年《ねん》　豊田自動織機製作所《とよだじどうしょっきせいさくしょ》 自動車部《じどうしゃぶ》が名称変更《めいしょうへんこう》し、
トヨタ自動車工業《じどうしゃこうぎょう》を設立《せつりつ》

1939年《ねん》　第二次世界大戦勃発《だいにじせかいたいせんぼっぱつ》

1945年《ねん》　第二次世界大戦終結《だいにじせかいたいせんしゅうけつ》

1959年《ねん》　日本《にっぽん》の自動車《じどうしゃ》の登録台数《とうろくだいすう》が100万台《まんだい》を突破《とっぱ》

1959年《ねん》　首都高速道路建設開始《しゅとこうそくどうろけんせつかいし》

1964年《ねん》　東海道新幹線開通《とうかいどうしんかんせんかいつう》／東京《とうきょう》オリンピック開催《かいさい》

1966年《ねん》　**世界初《せかいはつ》の燃料電池自動車実験車《ねんりょうでんちじどうしゃじっけんしゃ》「エレクトロバン」開発《かいはつ》（米GM社《アメリカジーエムしゃ》）**

1969年《ねん》　**宇宙船《うちゅうせん》アポロ11号《ごう》に、燃料電池搭載《ねんりょうでんちとうさい》**

1970年《ねん》　大阪万博《おおさかばんぱく》

1972年《ねん》　沖縄返還《おきなわへんかん》

1973年《ねん》　第一次《だいいちじ》オイルショック

1979年《ねん》　第二次《だいにじ》オイルショック

1980年《ねん》　日本《にっぽん》の自動車生産台数《じどうしゃせいさんだいすう》が世界一《せかいいち》に

1983年《ねん》　東京《とうきょう》ディズニーランド開業《かいぎょう》

1989年《ねん》　ベルリンの壁崩壊《かべほうかい》

1992年《ねん》　**燃料電池自動車《ねんりょうでんちじどうしゃ》の開発《かいはつ》を開始《かいし》（トヨタ社《しゃ》）**

1993年《ねん》　欧州連合《おうしゅうれんごう》（ＥＵ《イーユー》）誕生《たんじょう》

1994年《ねん》　**燃料電池自動車実験車《ねんりょうでんちじどうしゃじっけんしゃ》を発表《はっぴょう》（独《ドイツ》ダイムラー・ベンツ社《しゃ》）**

1995年《ねん》　阪神淡路大震災《はんしんあわじだいしんさい》

1996年《ねん》　**燃料電池自動車実験車《ねんりょうでんちじどうしゃじっけんしゃ》を発表《はっぴょう》（トヨタ社《しゃ》）**

1997年《ねん》　世界初《せかいはつ》の量産型《りょうさんがた》ハイブリッドカー「プリウス」発売《はつばい》（トヨタ社《しゃ》）

1998年《ねん》　長野冬季《ながのとうき》オリンピック開催《かいさい》

1999年《ねん》　**燃料電池自動車実験車《ねんりょうでんちじどうしゃじっけんしゃ》を発表《はっぴょう》（ホンダ社《しゃ》）**

自動車《じどうしゃ》の国内生産累計《こくないせいさんるいけい》１億台《おくだい》に（トヨタ社《しゃ》）

2001年《ねん》　東京《とうきょう》ディズニーシー、大阪《おおさか》のＵＳＪ《ユーエスジェー》開業《かいぎょう》

2002年《ねん》　**燃料電池自動車《ねんりょうでんちじどうしゃ》のリース販売《はんばい》を開始《かいし》（トヨタ社《しゃ》）**
燃料電池自動車《ねんりょうでんちじどうしゃ》のリース販売《はんばい》を開始《かいし》（ホンダ社《しゃ》）

2002年《ねん》　サッカーＷ杯《ワールドカップ》　日韓共同開催《にっかんきょうどうかいさい》

2011年《ねん》　**量産型燃料電池自動車《りょうさんがたねんりょうでんちじどうしゃ》の販売《はんばい》を宣言《せんげん》（トヨタ社《しゃ》）**

2012年《ねん》　東京《とうきょう》スカイツリー開業《かいぎょう》

2014年《ねん》　**12月《がつ》、世界初《せかいはつ》の量産型燃料電池自動車《りょうさんがたねんりょうでんちじどうしゃ》「ミライ」販売開始《はんばいかいし》（トヨタ社《しゃ》）**

岩貞るみこ
いわさだるみこ

ノンフィクション作家、モータージャーナリスト。横浜市出身。手がけたノンフィクション作品に、『もしも病院に犬がいたら こども病院ではたらく犬、ベイリー』『青い鳥文庫ができるまで』『東京消防庁 芝消防署24時 すべては命を守るために』『救命救急フライトドクター 攻めの医療で命を救え!』『お米ができるまで』『わたし、がんばったよ。急性骨髄性白血病をのりこえた女の子のお話。』『しっぽをなくしたイルカ 沖縄美ら海水族館フジの物語』『ハチ公物語 待ちつづけた犬』(すべて講談社)など多数。

カバー画・本文人物紹介　青山浩行
装幀・本文デザイン　城所潤＋関口新平(ジュン・キドコロ・デザイン)
取材協力　トヨタ自動車株式会社
参考資料　ニューカー速報プラス第15弾 新型 TOYOTA MIRAI
(CARTOPMOOK／交通タイムス社)

未来《みらい》のクルマができるまで
世界初《せかいはつ》、水素《すいそ》で走《はし》る燃料電池《ねんりょうでんち》自動車《じどうしゃ》 MIRAI《ミライ》

2016年 6 月23日　第1刷発行
2022年 9 月 2 日　第4刷発行

作　者　岩貞《いわさだ》るみこ

発行者　鈴木章一

発行所　株式会社講談社
〒112-8001 東京都文京区音羽2-12-21
編集 03-5395-3536　販売 03-5395-3625　業務 03-5395-3615

KODANSHA

印刷所　図書印刷株式会社　製本所　大口製本印刷株式会社
本文データ制作　講談社デジタル製作

本書のコピー、スキャン、デジタル化等の無断複製は著作権法上での例外を除き、禁じられています。本書を代行業者等の第三者に依頼してスキャンやデジタル化することはたとえ個人や家庭内の利用でも著作権法違反です。落丁本・乱丁本は購入書店名を明記のうえ、小社業務あてにお送りください。送料小社負担にてお取りかえいたします。なお、この本についてのお問い合わせは、青い鳥文庫編集あてにお願いいたします。定価はカバーに表示してあります。

©Rumiko Iwasada 2016, Printed in Japan
ISBN978-4-06-220114-8　N.D.C.913　175p　20cm